◉ 土木工程实验系列教材

力学基础实验教程

王正道　康爱健　薛　琳　编著

中国科学技术出版社
·北　京·

图书在版编目(CIP)数据

力学基础实验教程/王正道,康爱健,薛琳编著.—北京:中国科学技术出版社,2008.1

(土木工程实验系列教材)

ISBN 978-7-5046-5192-1

Ⅰ.力… Ⅱ.①王…②康…③薛… Ⅲ.土木工程-工程力学-实验-高等学校-教材 Ⅳ.TU311-33

中国版本图书馆 CIP 数据核字(2008)第071950号

自2006年4月起本社图书封面均贴有防伪标志,未贴防伪标志的为盗版图书。

中国科学技术出版社出版

北京市海淀区中关村南大街16号　邮政编码:100081

电话:010-62103210　传真:010-62183872

http://www.kjpbooks.com.cn

科学普及出版社发行部发行

北京国防印刷厂印刷

*

开本:787毫米×1092毫米　1/16　印张:8.75　字数:200千字

2009年1月第1版　2009年1月第1次印刷

定价:12.00元

ISBN 978-7-5046-5192-1/TU·66

(凡购买本社的图书,如有缺页、倒页、

脱页者,本社发行部负责调换)

内容提要

本书是为普通高等院校力学及相关专业本科生实验力学独立设课而编写的一本指导教材，内容是在作者多年来讲授《力学实验技术》讲稿基础上整理而成。

实验力学涉及内容很广，本书不求面面俱到，而是通过一些实例为读者提供力学实验的基本知识和相关技巧。全书共5章，内容包括电测基本原理及组桥技术、相似原理及模型设计、断裂力学基本理论及参数测定、材料力学基本实验和流体力学基本实验等。

《土木工程实验系列教材》编辑委员会

主　编　魏庆朝

副主编　汪越胜　夏　禾

编　委　朱尔玉　王正道　刘维宁　季文玉

李　进　李久义　姚谦锋　杨庆山

石志飞　杨松林　王连俊　高　亮

赵成刚　朋改非　安明喆　贺少辉

责任编辑　崔　玲　张敬一

封面制作　世纪佳想

责任校对　刘红岩

责任印制　王　沛

总　序

随着我国国民经济的高速发展，大规模的基础设施建设呈现出日新月异的局面，这将需要大量的基础设施建设人才。土木工程专业是培养这些建设人才的主要渠道。

土木工程专业覆盖学科范围非常广泛，需要综合运用工程地质、工程测量、土力学、工程力学、工程设计、建筑材料、建筑设备、建筑经济等学科和施工技术、施工组织等领域的知识。

同时，土木工程又是实践性非常强的专业，实验和实习是培养高水平土木工程专业人才的必不可少的重要环节和手段。

北京交通大学土木工程专业在其50余年的发展历史中，始终重视实验、实习、课程设计、毕业设计等实践教学过程，从建立之初即建设了较为齐全的实验室。今天，实验教学设备和手段更加完善，实验技术和实验内容随着科技的发展不断更新。北京交通大学的教师根据多年来实验教学的经验，组织编写了土木工程专业的实验系列教材。

相信本套系列教材的出版，不仅对北京交通大学的实验教学有很好的促进作用，也会受到兄弟院校的欢迎。

中国工程院院士

前　　言

作者多年来一直讲授《力学实验技术》课程，有感于手头没有一本合适的教材，因此在整理相关讲稿基础上编写该书。

本书共分5章。应变电测法是整个实验力学的基础，本书第1章对此进行了系统介绍，内容包括应变电测的基本原理、应变电测的各种组桥技术、应变电测中应注意的事项及利用应变电测设计的各类商用力学传感器的基本工作原理。最后，作为目前广泛使用的一个典型动态应变测量实例，本章最后一节较为详细地介绍了霍普金森技术研究材料动态冲击性能的实验原理和注意事项等。

力学实验很多无法直接进行实物实验，如光弹性实验，因此在开展模型实验时必须遵循相似原理，本书第2章着重介绍相似原理及其在模型设计中的应用。

断裂力学是与工程应用联系最为紧密的固体力学分支之一。本书第3章在简单介绍线弹性和弹塑性断裂力学概念基础上，对线弹性断裂参数（K_{Ic}）和弹塑性断裂参数（COD 和 J 积分）实验测试方法和操作步骤给予了介绍。另外，随着高韧性薄膜材料的广泛应用，一种新的材料断裂韧性评价参数——基本断裂功正得到越来越多地重视，为了拓宽学生的知识面，本章对该方法的基本原理及实验结果影响因素等也进行了介绍。

考虑到学生应对力学基本实验熟练掌握，本书第4章和第5章作为专题，分别介绍了材料力学和流体力学的一些基本实验的具体操作过程。其中材料力学部分包括拉伸、压缩、扭转、压杆稳定、组合加载等；流体力学部分包括流体静力学实验、雷诺实验、文丘里流量计实验等。

本书是由北京交通大学工程力学所王正道、康爱健、薛琳老师共同编写的。其中前3章是由王正道老师编写，第4章材料力学基本实验是由康爱健老师编写，第5章流体力学基本实验是由薛琳老师编写。作者在编写过程中曾翻阅了目前已经出版的众多力学实验教材和专著，并根据自己多年讲课经验对相关内容进行了取舍。在此，作者对本书所涉及的所有参考书籍的作者一并表示感谢。

由于水平有限，加之编写时间仓促，本书不足之处在所难免，敬请读者批评指正。

编　者

2008年1月

目　　录

第1章　应变电测技术[1—8]

从19世纪英国工程师汤姆逊(W. Thomson)在铺设海底电缆时发现材料的电阻-应变效应,到1921年世界上第一个电阻应变片诞生,此后应变电测技术得到迅速发展。作为一类最基本也最为成熟的力学实验测试方法,应变电测技术目前已经广泛应用于工业现场和实验室研究,并开发出了各类标准测试仪器,如力传感器、位移引伸计、速度(加速度)传感器等。

本章首先介绍电阻应变片测量原理及应变片种类、选片方法等;在此基础上,较为详细地介绍了惠斯通电桥的全桥、半桥、1/4桥接桥技术及应用,应变片电测实验中需要注意和解决的问题以及一些典型电测传感器的工作原理;最后,对材料冲击性能的典型方法——SHPB实验原理和测试方法进行介绍。

1.1　应变电测基础

电阻应变片电测法基本原理和具体方法可分别简述如下:

(1)基本原理。利用电阻应变片测量试件表面应变,再利用试件材料的应力-应变关系,得到试件的表面应力状态。

(2)具体方法。在被测试件上粘贴应变片,当试件受力变形时,粘贴在试件表面的应变片发生跟随变形,应变片电阻丝由于机械变形导致其阻值发生变化,利用应变仪记录其电流(电压)变化信号,根据应变仪的预先标定值得到应变片的应变值,即为试件的应变值,进而根据试件的应力-应变本构关系得到其应力值。

1.1.1　应变电阻效应

应变片电测原理是利用金属电阻丝的应变-电阻效应,通过测量应变片电阻值的变化分析材料的受力变形特征。金属电阻丝的应变-电阻效应最早是在19世纪由英国工程师汤姆逊首先发现的。汤姆逊在参与铺设英法海底电缆时发现:①相同长度、同种金属电缆芯在海底不同水深处电阻值不同;②相同长度、不同电缆芯(铜、铝)其电阻值随海底水深变化的变化率不同。

现象①是由于海底不同水深处压力不同,电缆应变值不同,造成其阻值变化不同;现象②是由于不同材料的应变-电阻效应敏感系数不同。

由物理学可知,长度为 L,电阻率为 ρ 的金属电阻丝,其电阻值为

$$R=\rho\frac{L}{A} \tag{1-1}$$

若金属电阻丝受拉伸(或压缩)变形,则金属丝的长度 L、横截面积 A 和电阻率 ρ 都将变化,所产生的电阻值的相对变化为

$$\frac{dR}{R}=\frac{d\rho}{\rho}+\frac{dL}{L}-\frac{dA}{A} \tag{1-2}$$

其中, dL/L 为金属丝导线长度的相对变化,可用应变表示,即

$$\frac{dL}{L}=\varepsilon \tag{1-3}$$

不失一般性,对于直径为 Φ 的金属电阻丝,其横截面积的相对变化为

$$\frac{dA}{A}=2\frac{d\Phi}{\Phi}=-2\mu\varepsilon \tag{1-4}$$

其中, μ 为金属丝材料的泊松比。

将(1-3)、(1-4)式代入(1-2)式,得金属电阻丝受拉伸(或压缩)变形过程中的电阻值的相对变化为

$$\frac{dR}{R}=\frac{d\rho}{\rho}+(1+2\mu)\varepsilon \tag{1-5}$$

式中,前一项是由金属丝变形后电阻率发生变化引起的;后一项是由金属丝变形后几何尺寸发生变化所引起的。实验指出,许多金属材料在弹性变形范围内,电阻丝的相对电阻变化与其轴向拉伸(或压缩)应变成正比,即

$$\frac{dR}{R}=K_s\varepsilon \tag{1-6}$$

式中, K_s 为金属丝的灵敏系数,它等于

$$K_s=\frac{d\rho}{\rho}/\varepsilon+(1+2\mu) \tag{1-7}$$

式(1-6)表明:金属电阻丝受拉伸(或压缩)变形时,其电阻变化率与金属电阻丝的应变成正比,这一物理现象称为金属电阻丝的应变-电阻效应,这是电阻应变仪法的物理基础。利用这一规律,采用在变形过程中能够较好地产生电阻变化的材料,制造将应变信号转换为电信号的电阻应变计。由于其为片状膜结构,通常也称为电阻应变片。

1.1.2　电阻应变计

1. 金属电阻应变计

如图 1－1 所示，电阻应变计主要由三部分组成：①敏感栅，利用金属丝的应变－电阻效应制成的栅状线；②基体，电绝缘有机材料，利用黏合剂将敏感栅粘接在其上面，对敏感栅起固定、支撑作用，并实现敏感栅与被测试件之间的电绝缘；③引出线，从敏感栅引出的丝状或带状金属导线。

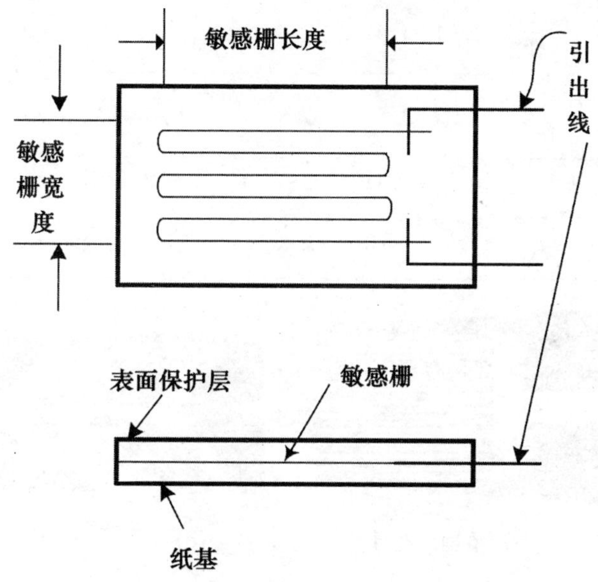

图 1－1　金属电阻应变计

除此之外，对于长期使用的电阻应变计，为了避免受潮短路、机械损坏和高温氧化，在敏感栅上面会涂一层与基体材料类似的有机胶液（例如环氧树脂、酚醛树脂等），称为表面保护层。

敏感栅是用合金丝或合金箔制成的栅，它能将被测构件表面的应变转换为电阻相对变化，是电阻应变计的核心组成部分，它的特性对于电阻应变计的性能有决定性的影响。

表 1－1 给出了几种敏感栅常用金属的物理性能，其中市场上最为常见的应变计为康铜丝应变计。图 1－2 是几种典型金属箔式应变计。

表 1－1 常见的应变电阻合金材料的性能

金属类型	成分及百分比	电阻率 (Ω·mm²/m)	灵敏系数	电阻温度系数 (10^{-6}/℃)	线膨胀系数 (10^{-6}/℃)	最高使用温度(℃)
铜镍合金（康铜）	Ni 45，Cu 55	0.45～0.52	1.9～2.1	±20	15	300(静态) 400(动态)
镍铬合金	Ni 80，Cr 20	1.0～1.1	2.1～2.3	110～130	14	400(静态) 800(动态)
铁镍铬合金	Ni 74，Cr 20 Fe 3，Al 3	1.24～1.42	2.4～2.6	±20	13.3	450(静态) 800(动态)
铁铬铝合金	Fe 70，Cr 25，Al 15	1.3～1.5	2.8	30～40	14	450(静态) 1000(动态)
贵金属及合金	铂 Pt 铂钨合金 Pt 92，W 8	0.09～0.11 0.68	4～6 3.5	3900 227	8.9 8.3～9.2	800(静态) 1000(动态)

(a) 单轴应变计

(b) 测扭矩应变计

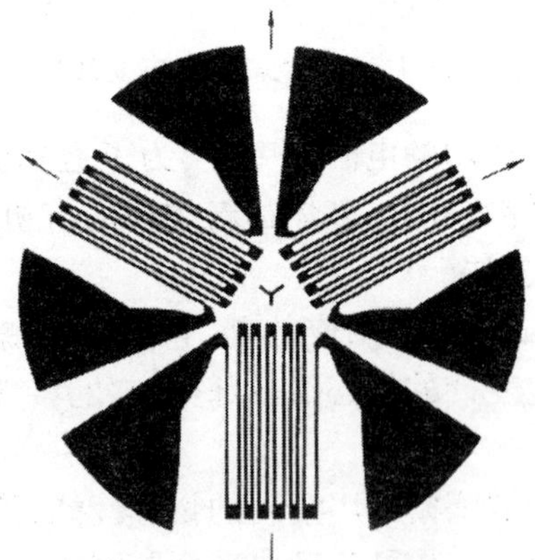

(c) 多轴应变计（应变花）

图 1－2 金属箔式应变计

2. 半导体电阻应变计

以金属材料为敏感栅的电阻应变计具有经济可靠等优点，但其灵敏系数较低。为了提高应变计的灵敏系数，可以利用硅、锗锑化钢、磷化镓等半导体材料作为敏感栅制成半导体电阻应变片。当半导体材料受到机械应力作用时，其电阻率会发生较大变化，这种性质称为半导体的压阻效应。

半导体电阻应变计灵敏系数可达 150 左右，这对于某些特殊场合需要高测量信噪比时具有突出优势。图 1－3 为利用霍普金森实验装置进行聚氨酯泡沫冲击压缩实验结果，其中图(a)为利用金属电阻应变计记录的入、反射波形，从图中可以看出，入、反射波幅值基本相同，这时如果仍利用金属电阻应变计记录透射波信号，则有用信号将完全被背景噪声信号所淹没，而采用半导体应变片由于其灵敏系数最高可达 150 左右，相当于信噪比提高了 75 倍，因此所得实验曲线图(b)较为光滑。

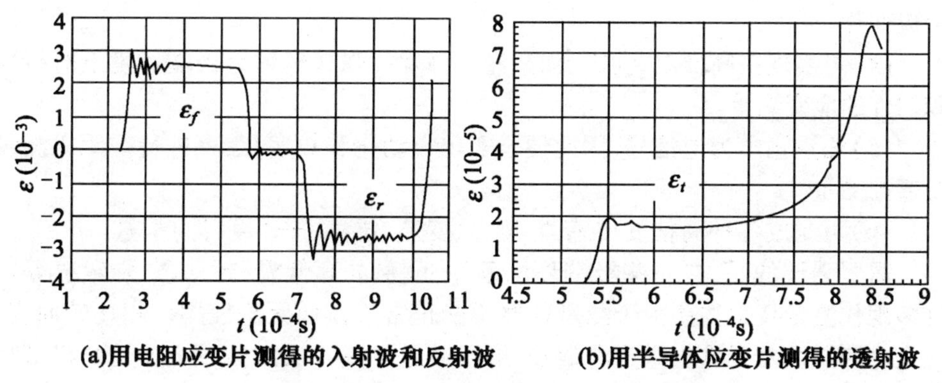

图 1－3　半导体应变片和金属应变片信号比较

3. 应变花

应变片记录的只是一个方向的变形值，对于复杂受力构件，为了得到构件表面一点的完整应力状态，至少需要知道两个方向（主应力方向已知）或三个方向（主应力方向未知）的应变值。为了实现测量方便和相对测量位置的准确，在同一基体上按一定的相对位置排列两个或两个以上敏感栅，这类应变片称为应变花。图 1－4 为几类典型应变花。

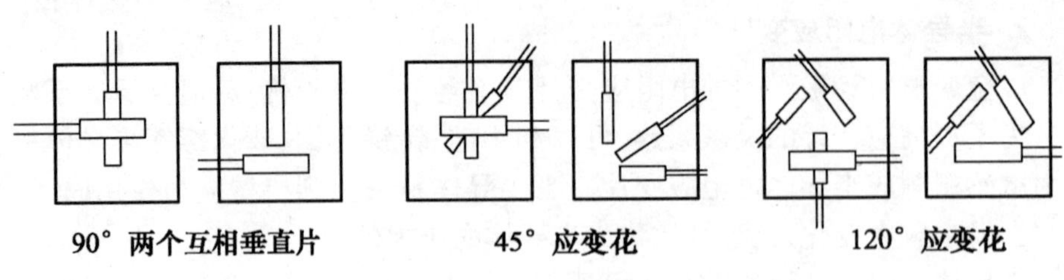

图 1－4　典型应变花

1.1.3　应变电测法的优缺点

应变电测法主要具有以下优点：

(1)应变片尺寸小、重量轻、安装方便，一般不会影响构件的应力状态。

(2)测量灵敏度、精度高，最小可测 10^{-6} ($1\mu\varepsilon$)。

(3)频响好，应变片响应时间约为 10^{-7}秒，构件上应变的变化几乎可立即传给应变片。

(4)可实现在高低温、动态、强激光、高磁场、强核辐射等极端环境下对材料和构件的应变测量。

(5)测量输出为电信号，因此便于实现自动化和数字化，可进行远距离测量及遥控测量。

(6)可制成各种高精度传感器，测力、变形、位移、加速度等力学量。

需要强调的是，在一些极端环境条件下(例如高低温、超动态、强辐射等)，许多现代测量技术往往由于测量仪器不能正常工作而无法使用。相比较而言，应变电测技术由于输出量为电信号，可以通过导线将被测信号方便地从极端环境中引出，因此在许多场合得到广泛应用。

应变电测技术虽然具有上述种种优点，但在实际使用中应注意以下几点：

(1)应变电测技术只能测量试件表面上一点的某个方向(应变片)或某几个方向(应变花)的应变。因此，该技术无法实现对被测试件整个表面的全场测量。

(2)应变计有一定的栅长，给出的是栅长范围内的平均应变，因此该技术不适合对试件应变梯度大的局部进行测量(如测量裂纹尖端的变形场)。

(3)应变计的灵敏系数随温度、加载速度等的变化而变化，进行极端环境实验时必须预先对其标定。

(4)应变计粘贴在试件表面，所测应变实际上是试件的表面应变，而许多各向异性材料在变形过程内部与表面应变值往往并不完全一致，因此所测应变只能近似反映材料的整体应变。

(5)应变片厚度一般为几百微米,用于传统块体材料的应变测量一般没有问题,但对于一些膜结构往往不再适用。

1.2　电测组桥技术

理论上说,应变片粘贴于被测构件表面,试件受外载作用发生变形,应变片跟随变形,电阻值发生变化,通过数字电压表记录应变片的电阻值变化,就可以得到被测构件表面的变形值。但目前电测应变均采用惠斯顿电桥法实现,而不采用直接测量应变片的阻值变化,其本质是反映了实验测试技术中的一个基本原则:当需要精确测量一个大量的微小变化时,这在实验技术上非常难以实现;但如果测量一个基准量为零的微小变化时,则实现起来相对容易得多。下面以一例子给予说明。

对一金属试件进行单向拉伸实验,测量片选用目前市场上最常用的电阻值120Ω、灵敏系数2.0的电阻应变片,为了完整记录该试件从初始状态到最大应变为0.1%的完整应力-应变曲线(线弹性阶段),假若需要50个数据点,那么每相邻两个数据点的电阻输出差为

$$\Delta R = K_s \Delta\varepsilon = 2.0 \times 0.001/50 = 0.004\ (\Omega) \tag{1-8}$$

因此,如果直接测量应变片的阻值变化,就意味着需要精确测量应变片阻值从120Ω到120.004Ω的变化,这在实验技术上很难实现;但如果将上述问题转化为测量从0到0.004Ω的变化,则要容易得多。这就是惠斯顿电桥测量的基本思想。

1.2.1　惠斯顿电桥

图1-5为惠斯顿基本电桥,由电工学计算可知,D、B间输出电压为

$$U_{DB} = U_{DC} - U_{BC} = \left(\frac{R_1}{R_1 + R_2} - \frac{R_4}{R_3 + R_4}\right)U = \frac{R_1R_3 - R_2R_4}{(R_1 + R_2)(R_3 + R_4)}U \tag{1-9}$$

式中,U为直流供桥电压。若电桥桥臂的电阻满足条件

$$R_1R_3 = R_2R_4 \tag{1-10}$$

则D、B间输出电压为零,电桥处于平衡状态。

因此,惠斯顿电桥测量的基本方法是:

(1) 实验前首先利用可调电阻R_4将电路调平(输出电压为零),目前市场

上的应变仪一般具有内置调平功能，只需按调平按钮，仪器会自动调平。

(2) 由于桥路中一个(或多个)桥臂是由粘贴在试件上的应变片组成，随着试件变形，其阻值发生变化，桥路不再平衡，根据桥路 D、B 间的输出电压就可以计算得到应变片(试件)的应变值。

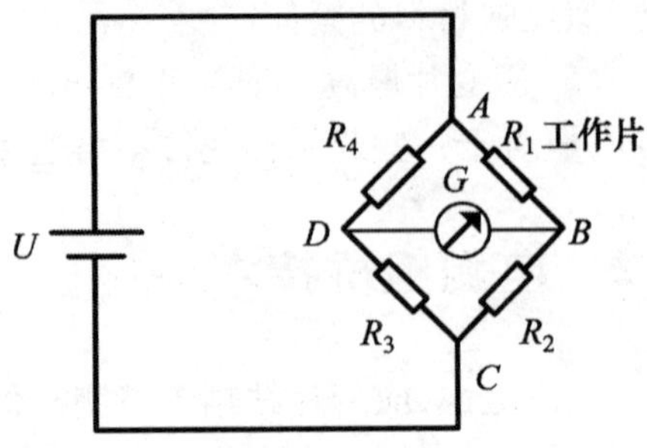

图 1－5　惠斯顿基本接桥法

对于图 1－5 的惠斯顿基本桥路，当四个桥臂初始电阻值均为 R 时，D、B 间输出电压为：

$$U_{DB}=\frac{(R_1+\Delta R_1)R_3-R_2R_4}{(R_1+\Delta R_1+R_2)(R_3+R_4)}U\approx\frac{R\cdot\Delta R}{4R^2}U=\frac{1}{4}K\varepsilon U \quad (1-11)$$

1.2.2　半桥、全桥法

图 1－5 桥路中只有 R_1 为工作片，故称为 1/4 桥。实验测量中有时为了提高测量精度或实现对某单一变形量的测量，还可以采用半桥、全桥接法。

图 1－6 为测量纯弯曲加载过程中的应变值，由于上端面受拉、下端面受压，二者变形大小相等、方向相反，采用图 1－6 接桥法有两个应变片参与工作，故称为半桥接法。图 1－7 为位移引伸计的接桥方法，桥路中四个应变片均为工作片，故称为全桥接法。相比较 1/4 桥，相同变形条件下半桥、全桥接法的输出电压分别为$\frac{1}{4}$桥的 2 倍、4 倍。

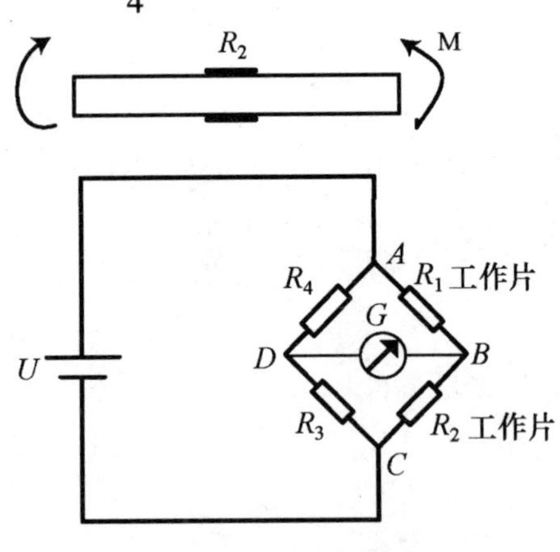

图 1－6　半桥接法示例

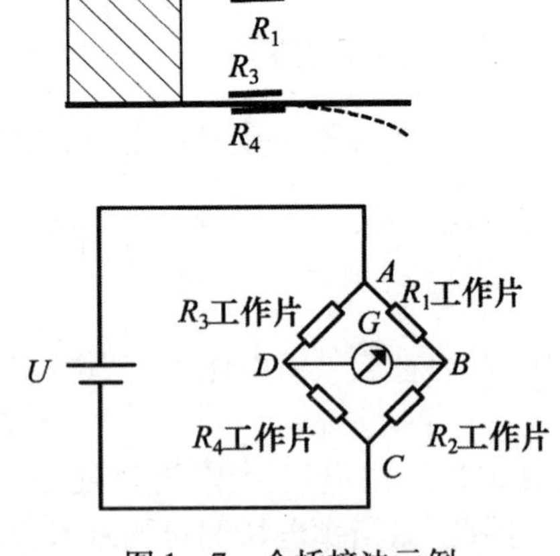

图 1－7　全桥接法示例

上面介绍了 1/4 桥、半桥、全桥的电路图，由于惠斯顿电桥涉及 4 个电阻计、8 个端头、4 个节点，实验时只要根据预先设计的接桥方法将不同端子连接起来即可。图 1 – 8 为电桥盒接线示意图。

此外，利用惠斯顿电桥进行应变测量实验前要选片，由于高精度惠斯顿电桥量程较小（一般为 ±5000με），如果工作片初始阻值偏差太大，将可能造成实验前桥路无法调平。因此，选片时应遵循以下原则：①所有工作片初始阻值应均接近；②如果不满足第一条，应将阻值相近的工作片放在同一回路（如 ABC 回路或 ADC 回路）。

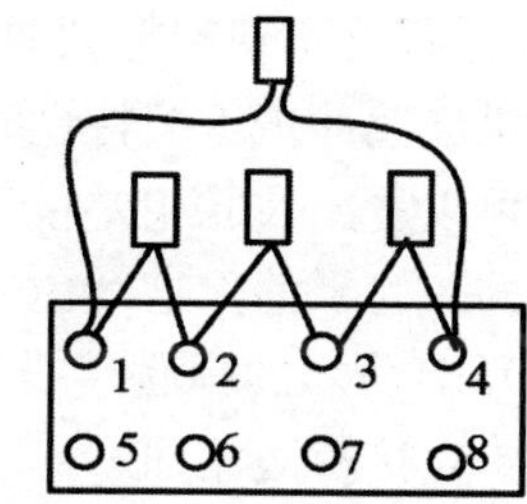

图 1 – 8　全桥法接线示例

1.2.3　几种接桥实例

电桥接法设计的基本思想是通过桥路的自身补偿，记录下有用信号，消除掉无用信号。下面就通过一些实例加以说明。

1. 消除温度影响

温度对材料和结构的力学特性具有重要影响。航天器在向阳面和背阳面的环境温度可相差百度；桥梁建筑由于季节的变迁，其冬夏温差也有好几十摄氏度，因此，对这类结构的长期检测，必须考虑温度效应的影响。

当利用惠斯顿电桥法测量一个变温场中构件的承载变形时，单个应变片记录的应变输出实际上包括机械应变和热应变两部分。如果实验中必须精确测量机械应变值，就必须采用补偿法消除温度影响因素。

温度补偿法基本方法是：准备一个材料与被测构件相同的补偿块，将其无约束置于被测构件附近，使补偿片和工作片处于同一温度场中，如图 1 – 9 所示。在构件被测点处粘贴工作片 R_1，接入电桥的 AB 桥臂；在补偿块上粘贴一个与工作片同规格的应变片 R_2 作为补偿片，接入电桥的 BC 桥臂；在电桥的 AD 和 CD 桥臂上接入固定电阻 R，组成等比电桥。这样，桥路中由于外界温度变化造成的热应变就会被自动消除。

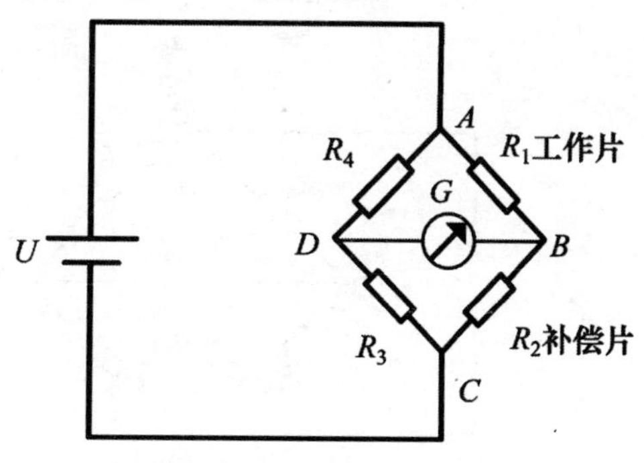

图 1 – 9　温度补偿法

2. 轴向加载消除偏心影响

在实验室和工程现场测试过程中，由于构件几何结构或受力方式的非对称性，往往很难实现理想轴向加载。图 1－10(a)是实验室内利用霍普金森压杆研究有机玻璃冲击压缩特性时得到的同一横截面上相邻 90°的一组入射波形。从图中可以看出彼此相差很大，这主要是由于细长杆弯曲偏心和非理想轴向加载造成的。为了消除这类由于几何偏心或受力偏心造成的实验误差，可以采用图 1－10(b)所示的串联接线法将 4 个应变片串联在同一桥臂，其应变放大倍数与基本 1/4 接桥法相同。

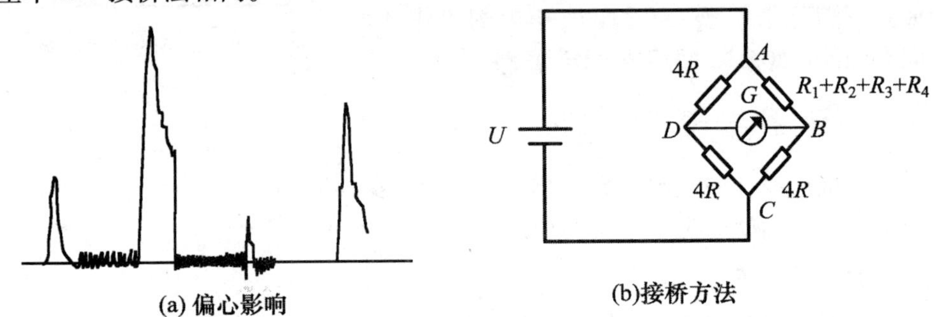

图 1－10 消除偏心影响

3. 拉(压)弯组合加载单一变形值的测量

受拉(压)弯组合加载的杆件如图 1－11 所示，在杆件上下两侧中线处粘贴应变片 R_1、R_2，这时两应变片的应变输出是由拉伸应变和弯曲应变叠加而成，即有

$$\varepsilon_1 = \varepsilon_{拉} - \varepsilon_{弯}, \quad \varepsilon_2 = \varepsilon_{拉} + \varepsilon_{弯} \tag{1-12}$$

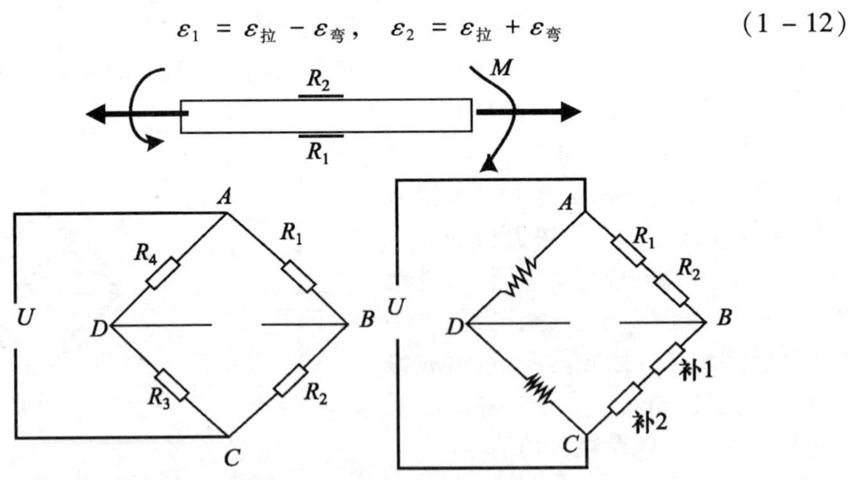

图 1－11 拉弯组合加载单一应变测量法

测取纯弯曲产生的应变时，采用图 1－11 左侧的接桥法，此时

$$\varepsilon_{读} = \varepsilon_2 - \varepsilon_1 = 2\varepsilon_{弯}$$

故

$$\varepsilon_{弯} = \frac{1}{2}\varepsilon_{读} \tag{1-13}$$

测取纯拉伸产生的应变时，采用图 1－11 右侧的接桥法，此时

$$\varepsilon_{读} = \frac{1}{2}(\varepsilon_2 + \varepsilon_1) = \varepsilon_{拉}$$

故

$$\varepsilon_{拉} = \varepsilon_{读} \tag{1-14}$$

4. 弯扭组合加载单一变形值的测量

受弯扭组合变形圆轴如图 1－12(a)所示。实验时在弯曲平面上下边 ±45°方向各粘贴应变片见图 1－13(a)。A、B 两点的应力状态见图 1－14。各应变片感受的应变有如下关系：

$$\varepsilon_1 = \varepsilon_{弯} + \varepsilon_{扭},\quad \varepsilon_2 = \varepsilon_{弯} - \varepsilon_{扭}$$

$$\varepsilon_1 = -\varepsilon_{弯} + \varepsilon_{扭},\quad \varepsilon_2 = -\varepsilon_{弯} - \varepsilon_{扭} \tag{1-15}$$

其中，$\varepsilon_{弯}$ 为弯矩作用在 ±45°方向引起的应变的绝对值；$\varepsilon_{扭}$ 为弯矩作用在 ±45°方向引起的应变的绝对值。

测取扭矩产生的应变时，采用图 1－13(b)的全桥接法，此时

$$\varepsilon_{读} = \varepsilon_1 - \varepsilon_2 + \varepsilon_3 - \varepsilon_4 = 4\varepsilon_{扭}$$

故

$$\varepsilon_{扭} = \frac{1}{4}\varepsilon_{读} \tag{1-16}$$

同理，测取弯曲产生的应变时，采用图 1－13(c)的全桥接法，此时

$$\varepsilon_{读} = \varepsilon_1 - \varepsilon_2 + \varepsilon_3 - \varepsilon_4 = 4\varepsilon_{弯}$$

故

$$\varepsilon_{弯} = \frac{1}{4}\varepsilon_{读} \tag{1-17}$$

根据受弯曲作用点 A、B 的应力状态，可求得

$$\varepsilon_{45} = \frac{1-\mu}{2}\varepsilon_0 \tag{1-18}$$

其中，ε_0 为沿轴方向的应变。所以

$$\varepsilon_0 = \frac{1}{2(1-\mu)}\varepsilon_{读} \tag{1-19}$$

综上所述，实验时可以根据实际情况，通过合理组桥，来实现测定某一影响

因素引起的应变或提高仪器的读数值。在实际工作中,应根据测量需要,采取相应的接桥方法。

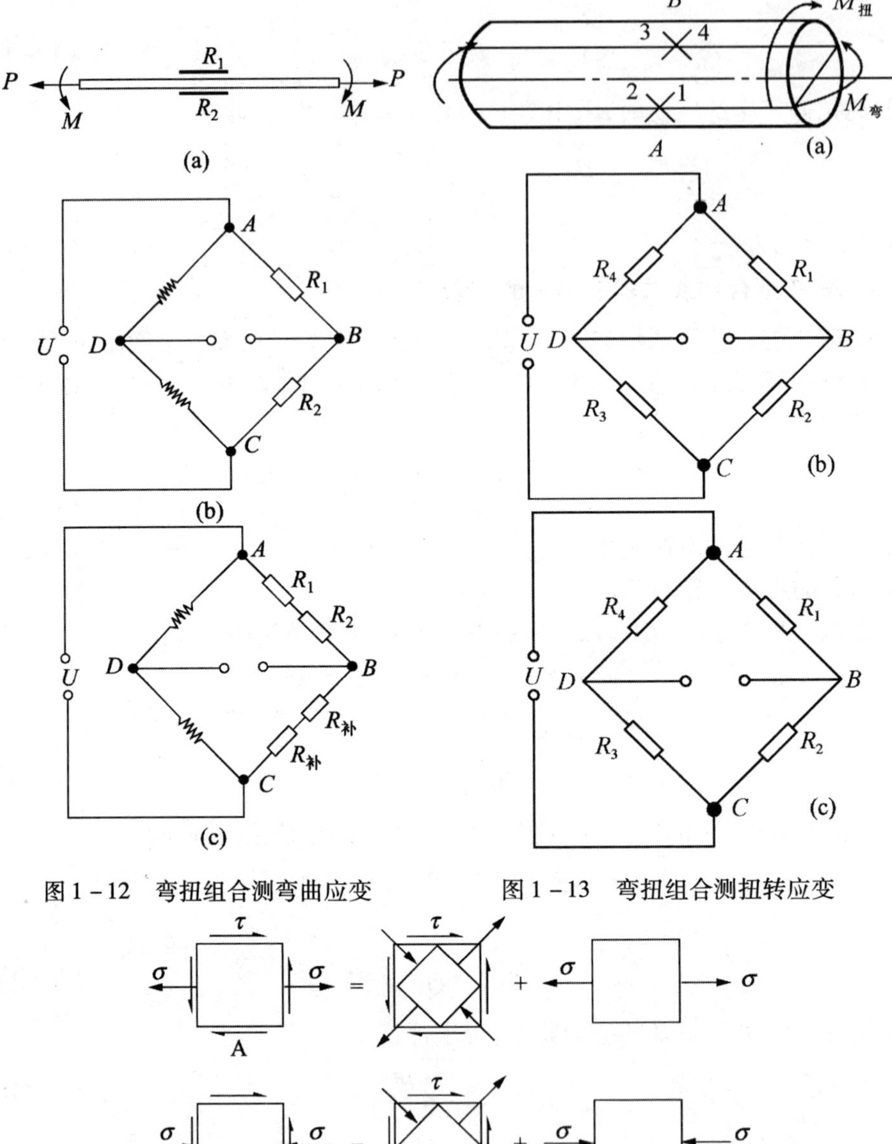

图 1－12　弯扭组合测弯曲应变

图 1－13　弯扭组合测扭转应变

图 1－14　弯扭组合 A、B 点的应力状态

1.3　应变电测若干注意事项

应变电测法是一种间接测量方法,许多因素都会影响测量结果。实验时如不注意,将使结果含有较大误差,甚至得不到有用的实验结果。因此,实验时(特别是现场实测)应严格按照技术要求进行。下面介绍应变电测实验中应注意的一些技术问题。

1.3.1　应变片粘贴技术

应变片粘贴技术主要包括粘贴前的选片、清洗、贴片、焊接和测量几个步骤。

选片不仅需检查所选应变片是否有短路、断路问题,还要按应变片实际阻值进行分选,以保证同一组应变片的阻值相差不超过 0.1Ω。

应变片粘贴前需对试件粘贴位置进行砂纸打磨、酒精(或丙酮)清洗处理,同时对应变片粘贴面采用酒精(或丙酮)清洗。

贴片时在应变片的底面和处理过的粘贴表面上,各涂一层薄而均匀的氰基丙烯酸酯黏结剂(如 502 胶水、501 胶水黏结剂),用镊子将应变片放置并调整好位置,然后盖上氟塑料薄膜,用手指揉和滚压,挤出多余的胶,并排除应变片下面的气泡,使应变片与试件完全贴合。对于需要加温固化时(如冬季寒冷环境),应严格按规范进行。一般是用红外线灯烘烤,但加温速度不能太快,以免产生气泡。

焊接时导线与应变片引线之间最好使用接线端子片,如图 1-15 所示,以免加载过程中应变片引线受拉从根部断开。

对已充分固化并接好导线的应变片,在正式使用前必须进行质量检查。除对应变片做外观检查外,还应检查应变片是否黏接好、贴片方位是否正确、有无短路或断路、绝缘电阻是否符合要求(一般不低于 100MΩ)等。

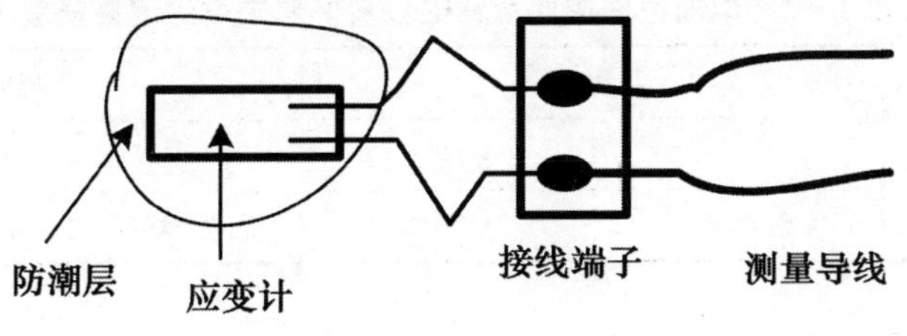

图 1-15　应变计焊接连线示意图

1.3.2 应变片粘贴方位误差的影响

在实际测量时，应变片的粘贴完全是手工操作，所以很难保证真实贴片方位与预定贴片方位完全一致。若应变片的轴线与预定方向存在偏差，则测出的应变将有误差。

设预定方向与测点的主应变 ε_1 方向的夹角为 φ，实际粘贴位置偏斜预定方向 $\Delta\varphi$，即应变片轴线与主应变 ε_1 方向的夹角为 $\varphi+\Delta\varphi$，见图 1－16。由二向应力状态的应变分析可知，若主应变为 ε_1、ε_2，则预定方位上的应变为

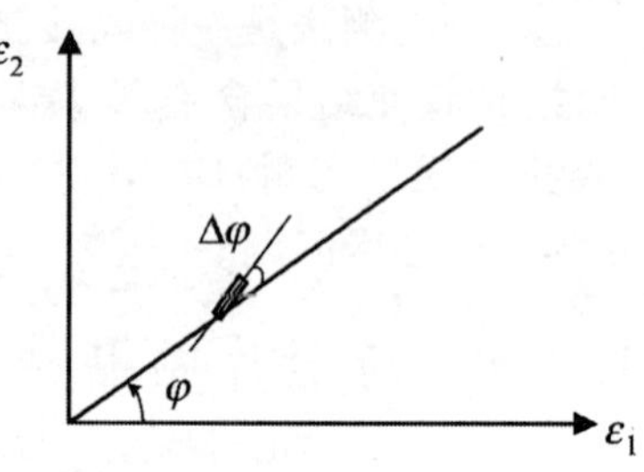

图 1－16 应变片粘贴方位误差

$$\varepsilon_\varphi=\frac{\varepsilon_1+\varepsilon_2}{2}+\frac{\varepsilon_1-\varepsilon_2}{2}\cos2\varphi \tag{1-20}$$

实际方位上的应变为

$$\varepsilon_{\varphi+\Delta\varphi}=\frac{\varepsilon_1+\varepsilon_2}{2}+\frac{\varepsilon_1-\varepsilon_2}{2}\cos2(\varphi+\Delta\varphi) \tag{1-21}$$

因此，应变测量绝对误差为

$$\begin{aligned}\Delta\varepsilon&=\varepsilon_\varphi-\varepsilon_{\varphi+\Delta\varphi}=\frac{\varepsilon_1-\varepsilon_2}{2}[\cos2\varphi-\cos2(\varphi+\Delta\varphi)]\\&=(\varepsilon_1-\varepsilon_2)\sin(2\varphi+\Delta\varphi)\sin\Delta\varphi\end{aligned} \tag{1-22}$$

式(1－22)表明，应变计粘贴方向偏斜引起的测量误差，不但和偏斜的角度有关，而且和测点的主应变差及预定方向有关。表 1－2 列举了单向拉伸 0°和 45°情况下的应变相对误差。从表中可以看出，按主应力 0°方向贴片，应变片粘贴位置偏斜造成的误差基本可以忽略；而如果按主应力 45°方向贴片，将会产生惊人的误差。

表 1－2 单向拉伸应变片粘贴位置偏斜造成的测量误差

主方向	0°		45°	
贴片偏差	1°	5°	1°	5°
测量误差	0.04%	0.99%	6.48%	32.3%

1.3.3 长导线影响及修正

电测应变法的一个突出优点就是可以实现远距离测量及遥控测量，但采用

远距离测量，就需要很长的导线连接应变片与测量仪器，这时导线电阻将影响测量结果，其原理如下。

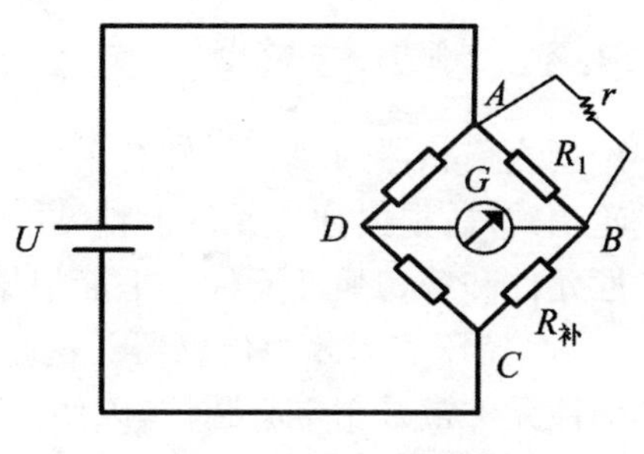

图 1－17　长导线影响

设图 1－17 惠斯顿桥路 AB 工作臂的导线总电阻为 r，则应变计感受应变 ε 时，AB 桥臂的电阻值相对变化为

$$\frac{\Delta R_{AB}}{R_{AB}} = \frac{R_1}{R_1 + r} \cdot \frac{\Delta R_1}{R_1} = \frac{R_1}{R_1 + r} K\varepsilon \tag{1-23}$$

因为仪器读数是和桥臂 AB 的相对电阻变化成正比的，所以仪器读数和测点应变的关系为

$$\varepsilon_{读} = \frac{R_1}{R_1 + r}\varepsilon \tag{1-24}$$

测点的应变

$$\varepsilon = \frac{R_1 + r}{R_1}\varepsilon_{读} \tag{1-25}$$

在这种情况下，仪器读数应乘以修正系数 $\dfrac{R_1 + r}{R_1}$ 才是测点真实应变。

1.3.4　温度变化影响及补偿

在 1.2 节已介绍温度对应变片的影响及采用补偿块消除温度影响的方法。这里需要指出的是，温度变化对应变测量结果的影响其实包含三部分：温度变化引起的热应变输出、温度变化引起应变片连接导线阻值的变化、温度变化引起应变片灵敏系数的变化。前两个影响因素可以通过桥路补偿完全消除，而温度变化引起应变片灵敏系数的变化必须通过实验前对应变片在不同温度下标定得到。

1.4　各类电阻应变式传感器简介

在工程结构的强度分析中，了解和掌握力、力矩、位移、速度、加速度以及流体的压力等物理量的大小及其变化规律是十分重要的。其中，利用应变电测原理制成各类传感器对上述物理量进行测量记录是目前工程测试中最为常用的方法。下面就对一些常用电阻应变式传感器进行简介。

1.4.1 测力传感器

测力传感器的弹性元件有多种形式，根据结构形式可分为柱式、板式、环式或轮辐式等；根据弹性元件上粘贴应变计处变形特点可分为拉压弹性元件、弯曲弹性元件和剪切弹性元件。下面根据弹性元件的特点分别给予介绍。

(1)拉压变形测力传感器。这是一种材料力学中最为常用的测力传感器，其弹性元件常采用空心圆柱，以便于粘贴应变计和易于处理淬透。但壁厚不宜太薄，以防承受压力时失稳，图 1－18(a)、(b)为柱式弹性元件。

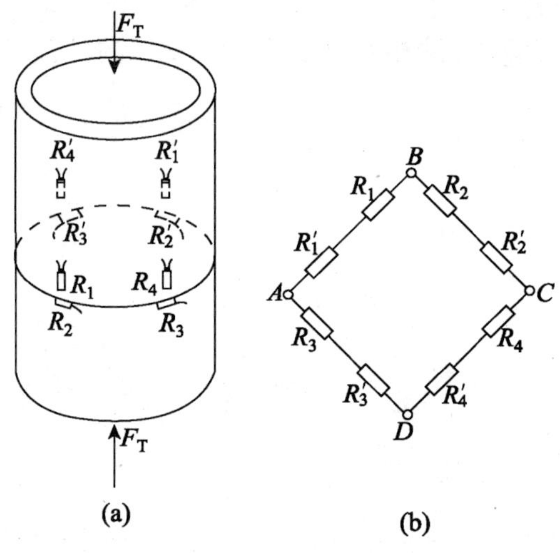

图 1－18 拉压变形弹性元件

(2) 弯曲弹性元件。如图 1－19(a)、(b)所示，弯曲弹性元件主要包括悬臂梁式和圆环式两类。其中悬臂梁式结构简单、容易加工、灵敏度高，可用于制作小载荷测力传感器，目前在纳米实验技术中广泛运用(如纳米探针等)；而圆环式包括纯圆环弹性元件和含加载端头的圆环弹性元件。

(3)剪切弹性单元主要包括梁式和辐轮式剪切弹性元件两类。梁式剪切弹性元件的特点是，当外载的作用位置有偏移时，中性轴上的切应力和 45°方向上的线应变不会发生变化，因此可以消除由于载荷作用点偏移造成的误差。但缺点是由于应变计无法准确地贴在中性层上，因而会产生由于附加弯曲引起的线应变。轮辐式弹性元件形似一个平放的车轮，其辐条的横截面积形状是矩形。应变计粘贴在辐条侧面的中心处，并且与轴线成 45°角。图 1－20 为轮辐式剪切弹性元件的结构示意图。

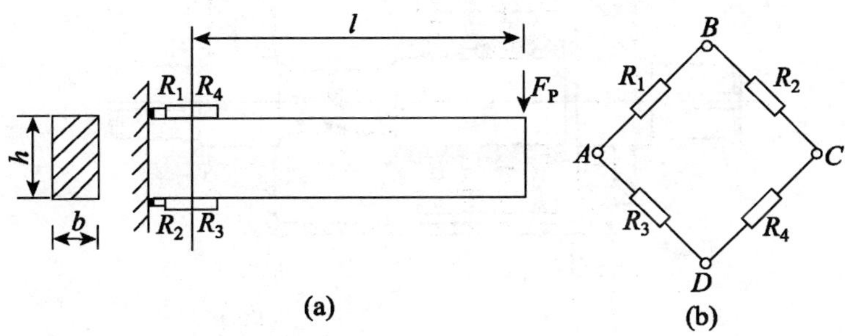

图 1－19　悬臂梁式弯曲弹性元件

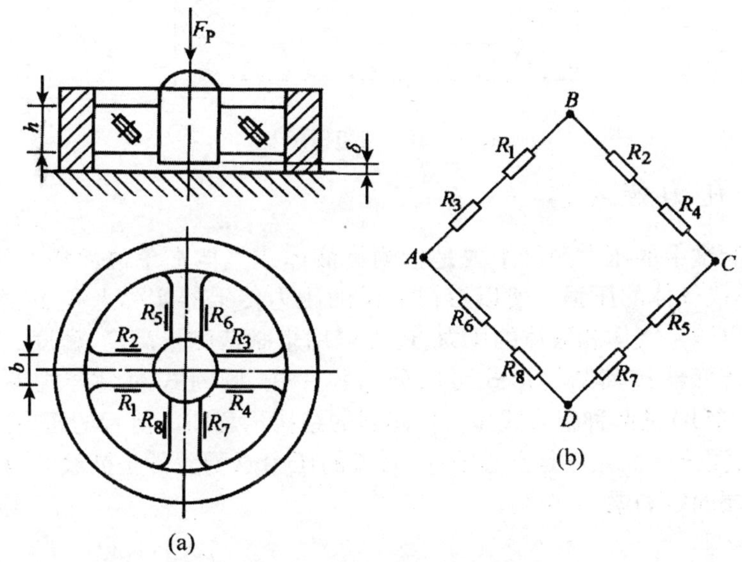

图 1－20　轮辐式剪切弹性元件

1.4.2　扭矩传感器

在扭矩测量中，电阻应变式扭矩传感器是最常用的一种，其弹性元件有圆轴、杆和板等多种形式。圆轴式扭矩传感器的弹性元件感受扭转变形，而杆和板式扭矩传感器是将扭转变形转为弯曲变形，其弹性元件感受弯曲变形。图 1－21 所示是一种测量旋转轴传递的扭矩传感器，在测量时需将其接入被测的旋转轴。

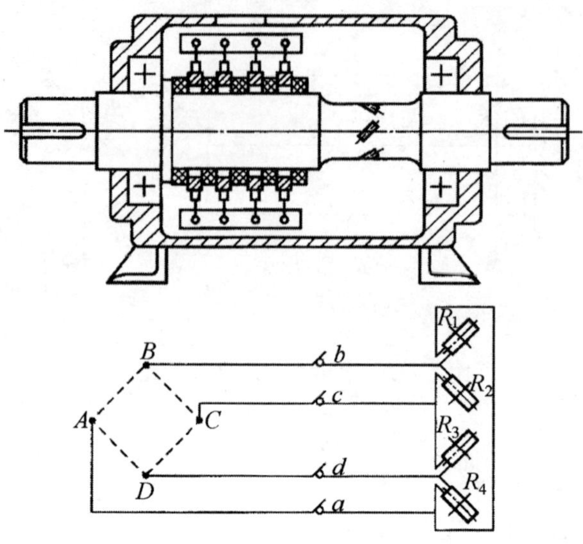

图 1－21 扭矩传感器

1.4.3 压力传感器

工程测试中的压力测量主要是指测量液体或气体在单位面积上作用的压力，即液体或气体的压强。所以习惯上说的压力传感器实际上是压强传感器。它不仅可以测量气体和液体的压力，还可以用来制造测量高度、密度、速度等仪表。压力传感器按其结构形式可以分为膜片式、圆筒式和组合式等几种，图1－22(a)和(b)是两种组合式压力传感器的结构示意图。前者的压力感受元件是波纹片，测压弹性元件是空心圆杆；后者的压力感受元件是波纹管，测压弹性元件是两端固定的梁。

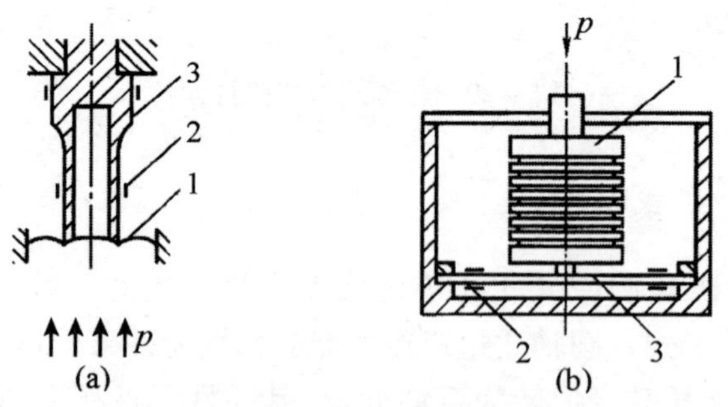

1—压力感受元件；2—应变计；3—弹性元件

图 1－22 组合式压力传感器

1.4.4　位移传感器

电阻应变式位移传感器与测力传感器的原理基本相同，但要求不同。对测力传感器弹性元件的要求是刚度大，而对位移传感器弹性元件的要求是刚度小，否则当弹性元件变形时，将对被测构件形成一个反力，影响被测构件的位移数值。位移传感器中与弹性元件相连接的触点直接感受被测的位移，从而引起弹性元件的变形。为了保证测量精度，触点的位移与应变计感受的应变之间应保持线性关系。位移传感器的弹性元件可以采用不同的形式，常用的是悬臂梁式位移引伸计，如图 1－23 所示。

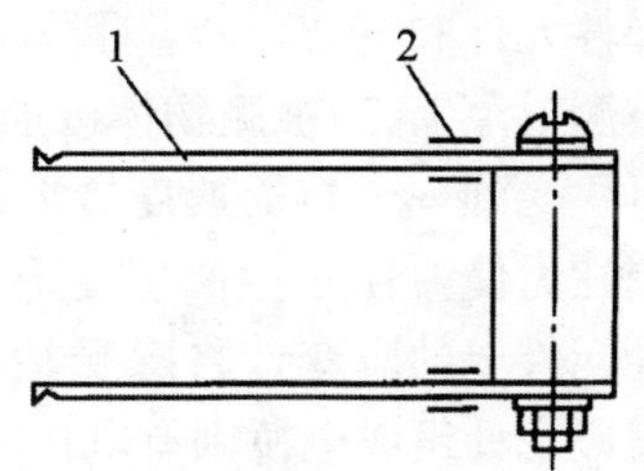

图 1－23　双悬臂式位移传感器

但采用梁式位移传感器测量大位移时，会出现不同程度的失真，因此可采用弹簧组合式位移传感器，如图 1－24(a)、(b)所示。它的测量导杆不直接固定在悬臂梁上，而是通过一个线性弹簧把二者连接起来，这就进一步降低了传感器的刚度。

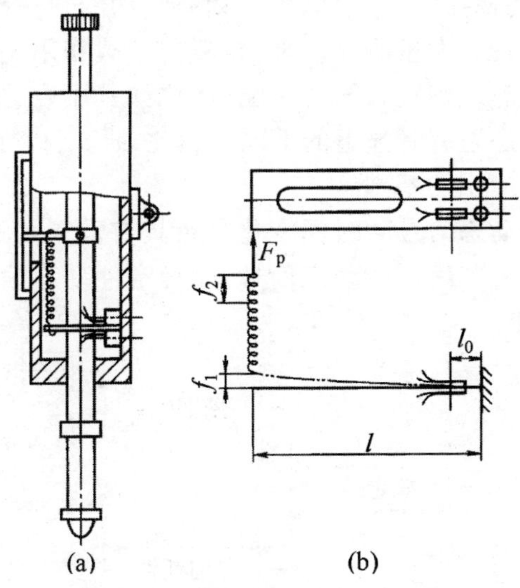

图 1－24　弹簧组合式位移传感器

1.4.5 加速度传感器

电阻应变式加速度传感器通常由质量块、弹性元件和基座组成。测量时，将基座固定在被测对象上，当被测物体以加速度 a 运动时，质量块受到一个与加速度方向相反的惯性力，该惯性力使弹性元件产生变形。此时，安装在弹性元件上的应变计将感受粘贴处的应变，如果把应变计组成电桥则有电压输出。

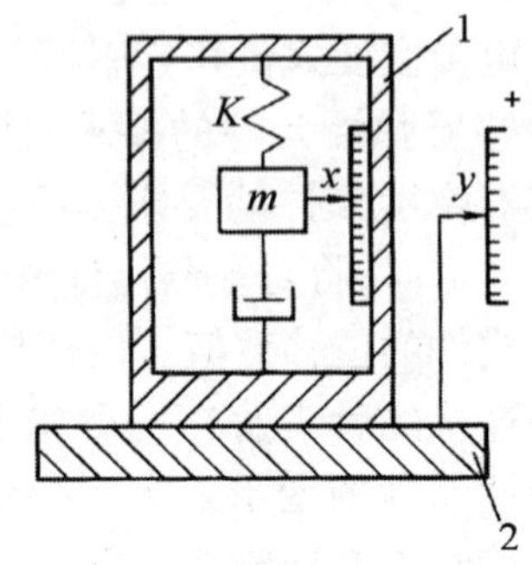

图 1－25 电阻应变式加速度传感器的结构图

常见的电阻应变式加速度传感器的弹性元件是悬梁式，一般包括等强度梁和等截面梁两种形式。图 1－25 是等强度梁加速度传感器的结构示意图。

1.5 动态应变测量示例——SHPB 实验技术

随着航空航天、高速铁路、地下掩体等动载结构的快速发展，材料的动态力学性能越来越受到重视。大量研究发现，材料在动载作用尤其是冲击载荷作用下往往表现出与准静态差别较大的力学响应，比如其刚度、强度、最大形变量等力学参数往往与准静态值有着显著的不同。因此，研究材料的动态力学性能，是现代工程结构设计和应用的基础。

图 1－26 是根据动态信号随时间变化是否具有重复性的分类。首先，动态信号可以分为确定性和非确定性动态信号，而确定性动态信号又可分为周期性和非周期性，以此类推。

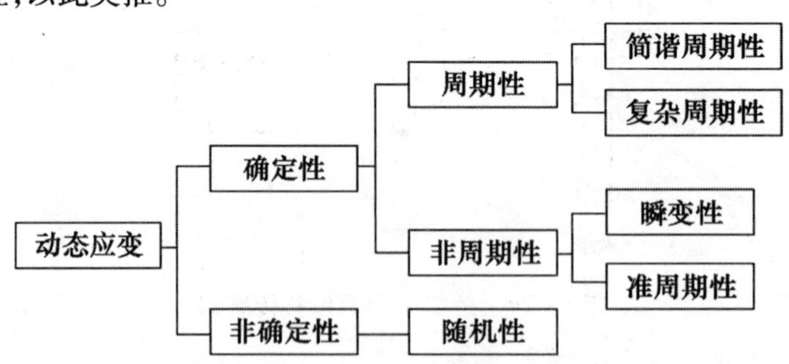

图 1－26 动态信号依据时间变化规律的分类

从材料力学角度考虑，关于材料的动态力学性质主要是指材料在不同应变率下的力学响应，即材料的动态应力 - 应变关系，这是建立材料动态本构关系的基础。图 1 - 27 给出了依据应变率划分的材料受力加载形式，其中动态加载对应图中高应变率和超高应变率两类加载形式。超高应变率特指 $\dot{\varepsilon} > 10^4$，主要研究材料在瞬态爆炸载荷作用下的力学响应，由于其对实验设备要求相对较为苛刻(目前主要采用一维应变加载)，工程应用背景也较为局限，目前研究相对较少。

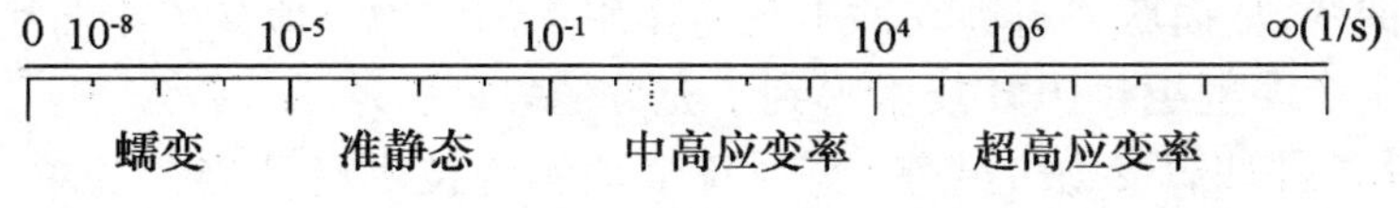

图 1 - 27　根据应变率不同的材料加载形式

相对而言，中高应变率下材料的动态力学响应则是材料动态力学性能研究的重点。中高应变率是指 $10^{-1}/s < \dot{\varepsilon} < 10^4/s$。从应用角度来说，这几乎覆盖了工程材料实际应用中所能涉及的所有动态变形范围(除爆炸载荷作用外)，具有明确的工程应用背景；从材料变形机理来说，在这一应变率区段内许多工程材料的流动应力往往表现出较强的应变率敏感性，随着应变率的变化，材料的力学响应发生较大变化。因此，从材料学角度也具有重要研究价值。

对于应变率在 $10^{-1} \sim 10^0/s$ 范围内材料的力学性能，可以采用传统的试验机进行加载实验测量。而对于应变率在 $10^1 \sim 10^4/s$ 范围内，目前国内、国际上最为常用的是采用分离式霍普金森压杆(SHPB)技术，该技术是采用电测原理测量材料动态应变的一个典型例子。国内许多高校和科研院所均有此设备，为了便于大家了解，下面就 SHPB 实验原理和用于研究材料动态力学性能时应注意的相关问题给予介绍。

1.5.1　SHPB 发展历史

相对于准静态加载实验，系统研究材料动态力学性能是在 20 世纪五六十年代后才逐步开展的。各类液压(或气动)加载装置是早期开展材料动态力学性能研究的主要设备，但这些装置最高加载应变率一般在 10^0 数量级，很难实现更高应变率加载。相比较而言，落锤实验能实现较高应变率加载，但由于锤体本身的惯性对加载的影响得不到合理的处理，使得实验结果误差往往加大，并且实验过程中得不到完整的应力 - 应变曲线。随着 SHPB 技术的提出和逐步完善，由于其具有实验装置简单、操作方便、测量方法精巧、加载波形容易控制、应变率范围宽($10^1/s \sim 10^4/s$)、成本低等一系列优点，正逐步得到广泛应用。

一般认为,J. Hopkinson 与 B. Hopkinson 是利用长杆中应力波传播技术研究材料在高应变率下力学性质的奠基人。1914 年 B. Hopkinson[9] 首次提出了利用压杆进行材料动态力学实验的技术方法,当时该技术还只可用于测量冲击载荷的脉冲波形。后来许多学者发展和完善了这一冲击压缩实验技术。目前较为成熟的 SHPB 技术是 1949 年 Kolsky 提出的。Kolsky[10] 将压杆分成两截,试件放置其中,可以方便地记录到加载脉冲的应力 - 时间、应变 - 时间及应变率 - 时间等动态实验曲线,从而获得材料在冲击载荷作用下的应力 - 应变关系曲线。

经过半个多世纪,SHPB 技术得到了充分的发展:

(1)从试件加载受力方式来说,霍普金森实验技术已从当初的单一压杆受力方式逐步发展了霍普金森拉杆[11]、霍普金森扭杆[12] 以及扭 - 压联合加载双向 SHT-PB 方法[13] 等多种加载方式。

(2)从所研究材料对象的广度来说,该技术已成功地应用于金属、陶瓷、岩石、混凝土、复合材料、聚合物和泡沫材料等[14-18] 各类工程材料的动态力学性能测试。

(3)从实验技术和测试方法可靠性研究方面来说,先后发展了半导体应变片测量技术[19]、高低温实验技术[20]、单脉冲 SHPB 实验装置与软恢复技术[21] 以及用于消除高频弥散和实现近似恒应变率加载的各类波形整形技术[22—26]。

(4)从杆径来说,先后发展了实现更高应变率加载、减小横向惯性效应的微小型 SHPB 技术[27],和用于测试非均质材料的大截面杆径,其中最为著名的是欧共体为了实验钢筋混凝土类材料的动态力学性能,投巨资建造的数百米长、直径为 1 米的 SHPB 装置[28]。

2003 年,Field 等写了一篇题为"*Review of experimental techniques for high rate deformation and shock studies*"的综述性文章[29],总结概述了直到 2003 年以前在材料高速动力学领域与 SHPB 技术相关的研究,很有参考价值。

1.5.2 SHPB 测试系统及实验原理

1. SHPB 实验测试系统

图 1 - 28 为标准 SHPB 实验装置,其中试样被夹在入射杆和透射杆之间。实验时,子弹在高压气腔中以一定速度被推出,撞击入射杆,样品受压变形,通过入射杆上应变片记录的入、反射波形和透射杆上应变片记录的透射波形间接计算出材料动态压缩条件下的应力 - 应变关系和瞬时应变率。

SHPB 装置主要由加载驱动装置、压杆测试装置、数据采集装置和数据处理系统组成。其中各部分功能具体介绍如下:

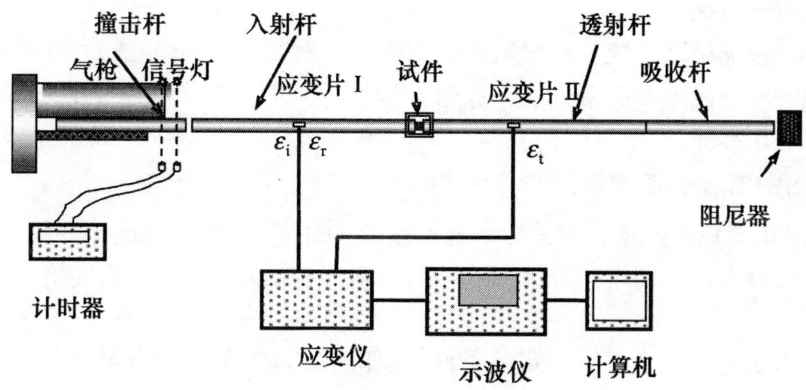

图 1-28　SHPB 实验装置示意图

(1)加载驱动装置。加载驱动装置由高压气瓶和气压控制系统组成,通过调节释放气压值来改变子弹的冲击速度,从而获取不同幅值的应力脉冲,即对应不同的冲击应变率。

(2)压杆测试装置。压杆测试装置主要有子弹、入射杆、透射杆、缓冲杆和缓冲器组成,子弹的形状和长度直接决定着应力脉冲的形状和宽度。入射杆和透射杆主要用于传递入射和透射应力波,入射杆的长度应大于子弹长度的两倍,这样才可以保证反射波信号和入射波信号不会发生重叠;透射杆的长度应保证其端面反射回来的卸载波不会干扰透射信号的测量;缓冲杆主要用于吸收透射杆的动能,防止透射杆端面反射回来的卸载波干扰,削弱和延缓二次加载波的干扰;缓冲器主要用于吸收缓冲杆的能量,并最终通过外在阻碍或是滑道上的摩擦来将能量耗散掉。

(3)数据采集装置。数据采集装置主要有测速器、应变片、超动态应变放大器和动态测试分析仪。测速器用于测量子弹的出膛速度,测速器给出的速度比给出应变率来表征冲击状态更直观,实验中往往依据测速器测量的子弹速度以及入射波的峰值和形状是否一致来决定一组实验是否具有相同的加载条件和结果的可比性;应变片用于采集入射波、反射波和透射波的应变数据,并转换为电压信号输出,需要注意的是入射杆和透射杆上的应变片位置要适中,一般来说,入射杆的应变片贴于杆的中部,透射杆上的应变片则贴在透射杆靠近样品的端面附近,这样既可以避免二次反射卸载波的干扰,又可以尽量减小应力波传播过程中的弥散效应的影响;超动态应变放大器主要用于放大应变片记录后传出的应变信号,由于钢杆的弹性变形很小,必须使用信号放大器保证有用信号与杂波信号能够有效区分。

(4) 数据处理系统。根据实验已获得的入射波、反射波和透射波形，计算获得材料的动态应力－应变关系。数据处理程序一般是各个实验室自己编制，目前没有商用程序。

2. SHPB 实验原理

SHPB 实验主要基于下面两个基本假设：①杆径与波长相比足够细，能满足一维应力弹性波的假定；②试件足够短，能满足应力/应变沿其长度均匀分布的假定。

在满足上述两个基本假定的条件下，如图 1－29，如能测得试件与输入杆的界面 X_1 处的应力 $\sigma(X_1,t)$ 和质点速度 $v(X_1,t)$，以及试件与输出杆的界面 X_2 处的应力 $\sigma(X_2,t)$ 和质点速度 $v(X_2,t)$，就可以确定试样材料的应力 $\sigma_s(t)$，应变率 $\dot{\varepsilon}_s(t)$ 和应变 $\varepsilon_s(t)$：

$$\begin{aligned}\sigma_s(t) &= \frac{A}{2A_s}[\sigma(X_1,t) + \sigma(X_2,t)] \\ &= \frac{A}{2A_s}[\sigma_I(X_1,t) + \sigma_R(X_1,t) + \sigma_T(X_2,t)]\end{aligned} \tag{1-26}$$

$$\dot{\varepsilon}_s(t) = \frac{v(X_2,t) - v(X_1,t)}{l_s} = \frac{v_T(X_2,t) - v_I(X_1,t) - v_R(X_1,t)}{l_s} \tag{1-27}$$

$$\varepsilon_s(t) = \int_0^t \dot{\varepsilon}_s(t)\mathrm{d}t = \frac{1}{l_s}\int_0^t [v_T(X_2,t) - v_I(X_1,t) - v_R(X_1,t)]\mathrm{d}t \tag{1-28}$$

式中，A 是压杆截面积，A_s 是试件截面积，l_s 是试件长度。

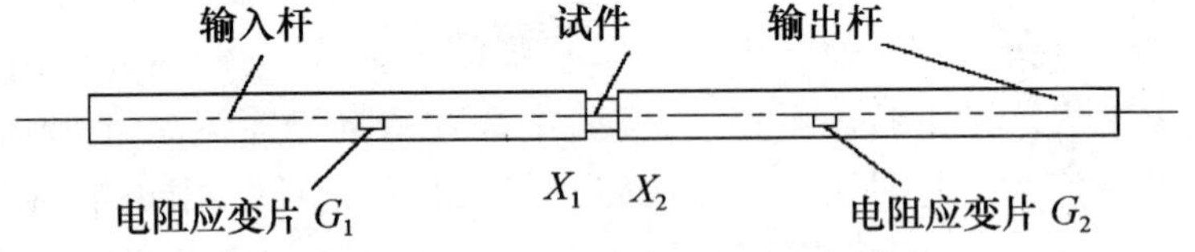

图 1－29　SHPB 装置简图

上述三式的等号右端所包含的待测量是应力或质点速度，都不如应变好测。在一维弹性杆情况下，由弹性波理论知，应力和质点速度与应变之间存在线性比例关系：

$$\left.\begin{aligned}\sigma_1 &= \sigma(X_1,t) = \sigma_I(X_1,t) + \sigma_R(X_1,t) = E[\varepsilon_I(X_1,t) + \varepsilon_R(X_1,t)]\\ \sigma_2 &= \sigma(X_2,t) = \sigma_T(X_2,t) = E\varepsilon_T(X_2,t)\\ v_1 &= v(X_1,t) = v_I(X_1,t) + v_R(X_1,t) = C_0[\varepsilon_I(X_1,t) - \varepsilon_R(X_1,t)]\\ v_2 &= v(X_2,t) = v_T(X_2,t) = C_0\varepsilon_T(X_2,t)\end{aligned}\right\} \tag{1-29}$$

于是,问题转化为如何测知界面 X_1 处的入射应变波 $\varepsilon_I(X_1,t)$ 和反射应变波 $\varepsilon_R(X_1,t)$ 以及界面 X_2 处的透射应变波 $\varepsilon_T(X_2,t)$ 。

对于采用弹性材料制造压杆的传统 SHPB 装置,利用一维应力下的弹性波在细长杆中传播时无畸变的特性,界面 X_1 处的入射应变波 $\varepsilon_I(X_1,t)$ 和反射应变波 $\varepsilon_R(X_1,t)$ 就可以由粘贴在入射杆 X_{G1} 处的应变片 G_1 所测入射应变信号 $\varepsilon_I(X_{G1},t)$ 和反射应变波 $\varepsilon_R(X_{G1},t)$ 来代替,而界面 X_2 处的透射应变波 $\varepsilon_T(X_2,t)$ 可以由粘贴在透射杆 X_{G2} 处的应变片 G_2 所测应变信号 $\varepsilon_T(X_{G2},t)$ 来代替。这样,由应变片 G_1 和 G_2 所测信号即可确定试样的动态应力 $\sigma_s(t)$ 和应变 $\varepsilon_s(t)$:

$$\sigma_s(t) = \frac{EA}{A_s}\varepsilon_T(X_{G2},t) = \frac{EA}{A_s}[\varepsilon_I(X_{G1},t) + \varepsilon_R(X_{G1},t)] \tag{1-30}$$

$$\varepsilon_s(t) = -\frac{2C_0}{l_s}\int_0^t[\varepsilon_I(X_{G1},t) - \varepsilon_T(X_{G1},t)]\mathrm{d}t \tag{1-31}$$

在试样的应力 - 应变分布满足"均匀化"假定的条件下,有 $\sigma_1 = \sigma_2$,或按一维应力波理论有

$$\sigma_I + \sigma_R = \sigma_T, \quad \varepsilon_I + \varepsilon_R = \varepsilon_T \tag{1-32}$$

于是,在所测的入射应变波 $\varepsilon_I(X_{G1},t)$ 、反射应变波 $\varepsilon_R(X_{G1},t)$ 和透射应变波 $\varepsilon_T(X_2,t)$ 中,实际上只要任取两个,就可以从式(1 - 30)、(1 - 31)确定试样的冲击载荷下的动态应力 - 应变曲线。

1.5.3　SHPB 实验几个关键问题

传统的 SHPB 技术在用来研究绝大多数金属材料动态力学性能方面取得了很好的成功,但在不断涌现的新材料面前遇到了新的挑战。例如:在研究低波阻抗材料动态力学性能时,为了避免透射波信号太弱而影响测量精度,人们考虑采用高聚物杆来代替金属弹性杆,这就需要处理高聚物杆中的黏弹性波;在研究含有较大骨料的混凝土等非匀质材料动态力学性能时,人们采用大尺寸 Hopkinson 杆,这就需要处理波传播的二维弥散效应和横向惯性效应等。又如,在进行具有被动围压的多轴应力 SHPB 实验时,试样的径向围压一般难以实测。对于这些情况,在处理数据时,常常不得不借助于反分析。下面就对利用 SHPB 技术研究

材料动态性能需要注意的几个问题加以说明。

1. 应力应变均匀性和杨氏模量测量可靠性问题

试件中的应力及应变均匀假设,是SHPB实验方法有效性的重要前提。事实上,常规SHPB实验的方波加载,试件在初始几个来回反射内是无法获得应力和应变均匀性的,因为方波陡峭的上升沿具有很高的应力梯度,试件内的应力和应变也必将出现梯度变化,难以获得均匀。因此由初始信号得到的应力-应变曲线的初始段(主要在弹性段)是不准确的,要想满足应变率恒定就更难以实现了。

常规SHPB技术早期主要集中在金属类材料的动态力学性质的研究上,金属类材料大多属于各向同性材料,均匀性好,一般试件尺寸较小,材料的波速较大。实验过程中,试件内的应力应变均匀化过程很快,加上人们对材料动态力学性质的关心主要集中在塑性流动阶段,弹性段短暂的不均匀过程没有引起人们足够的重视。但随着科学技术的迅猛发展,新型材料不断出现,特别是人们对脆性材料、多孔介质材料等的深入研究,常规SHPB技术的均匀性问题又被提到重要的位置。

为解决均匀性问题,目前主要提出了以下三种解决方案:

(1)脉冲整形技术。通过在入射杆的被撞击端加入一块较软的金属片来使撞击后的入射波形变得较为缓和。将入射脉冲的陡峭上升沿通过物理滤波的手段改造成缓慢上升的斜坡波形,使得试件在受力过程中应力应变保持动态均匀。这种方法不仅能改善均匀性问题,同时也能改善杆的二维弥散问题,是目前相对成熟的改善均匀性的实验手段。

(2)减小试件的长径比。尽可能减小长度,采用薄片试件,减少加载脉冲来回反射时间,以快速实现试件内应力应变的均匀化。不过这样做会产生负面影响,会使试件的横向惯性效应和试件与杆端部的摩擦效应显著增加。

(3)增加加载脉冲长度。对于波速较小的材料,必须加长入射脉冲的长度,以保证有足够的加载时间使得试件获得足够的反射次数达到应力应变的均匀。但加载脉冲的长度受到子弹长度的限制,而子弹长度又受限于入射杆的长度(子弹长度最大取入射杆长度的一半)。

由于初始加载波形的不均匀性,SHPB技术无法精确测量材料的动态杨氏模量,因此,SHPB技术无法精确给出材料完整的动态应力-应变关系,虽然关于利用SHPB技术获得材料不同应变率下的完整应力-应变的报道层出不穷,更为合理的处理方法是:①忽略弹性变形,实验结果仅给出不同应变率下材料的塑性,直至破坏阶段的应力-应变关系,这对于一些具有较大塑性变形的材料较为合适；②用材料准静态弹性模量替代动态值，相比较塑性流变应力和破坏强度，通常认为材料的弹性模量具有应变率不敏感性，因此，为了给出材料的完整应力－应变关系，也可以考虑用准静态杨氏模量替代动态值。

2. 应变率和横向惯性效应

传统上，我们将 SHPB 实验得到的材料力学性能的变化简单理解为该材料的应变率效应。但是，随着针对非匀质材料而设计的大截面 SHPB 装置的大量使用，材料动态性能的变化机理变得较为复杂，往往不能简单地理解为应变率效应。

图 1－30 为 Malvar[30] 总结前人关于混凝土动态冲击压缩的一些实验结果，当应变率大于 10^2 数量级后，混凝土的动态抗压强度开始急剧上升。针对这种材料动态强度提高的形成机理，Li[31] 和我们[32] 通过数值计算均发现，SHPB 实验中由于横向惯性效应造成瞬态加载过程中材料处于三维围压状态，当应变率大于 10^2 数量级后，这种围压效应变得较为显著，由于混凝土材料是一类静水压力相关材料，因此其高应变率下的动态强度的提高很大程度上是由于 SHPB 实验方法本身产生的横向惯性效应而非材料本征的应变率效应造成的。

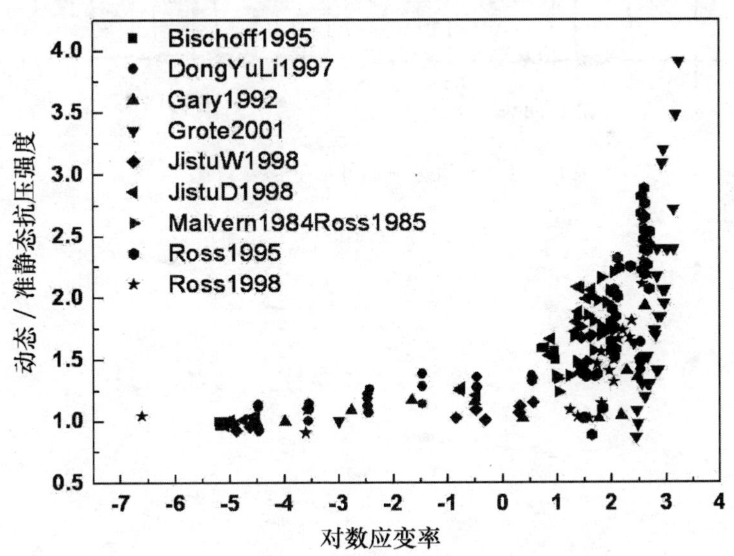

图 1－30　混凝土动态压缩强度随应变率的变化关系

关于该问题的基本处理方法是，如果所研究的材料具有静水压力不敏感性，其横向惯性效应可以忽略不计；当所研究的材料具有静水压力敏感性，而且试件横截面尺寸又比较大，必须加以考虑。

3. 杆与试件的非平面接触的实验消除

关于 SHPB 的一维假定决定了它对试件的作用应该是平面加载，但在实际加载实验过程中，很难保证理想平面加载，这对于陶瓷、混凝土类一些脆性材料有很大影响。非平面接触是指由于杆端和试件平直度或平行度不好，或者由于安放试件时实验系统的准直度不好而造成试件与杆的点、线或部分面接触，而并非完全面接触。为了消除非平面接触，首先在试件的制备、加工时应尽力控制试件的平直度及平行度，其次可以采用万向头技术实现加载过程中的自动调整。图 1－31[33] 为实验得到的采用万向头技术前后有机玻璃试件冲击加载时在加载杆轴向记录的应变信号，由图上可看出，采用万向头技术后，杆沿轴向记录的应变信号均匀性明显得到提高，原因是万向头的微调功能保证了加载过程中杆与试件的平面接触。

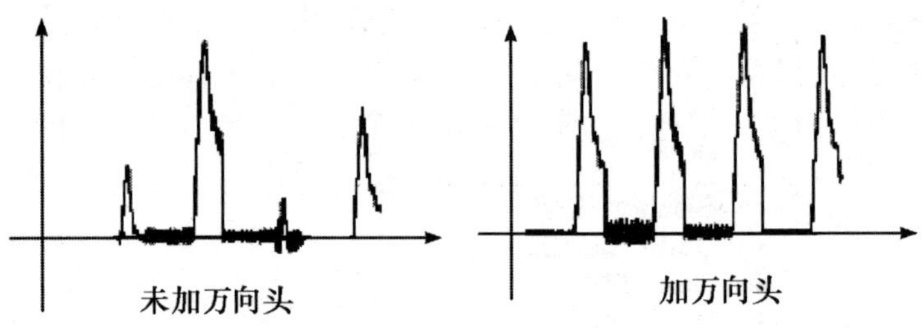

图 1－31　有机玻璃试件应变信号对比图[33]

第 2 章　相似原理及模型设计

工程力学实验往往无法实现对实物进行直接测量，例如在分析桥梁最大承载时不可能按实际尺寸设计桥梁，然后进行破坏性实验，这时只能开展模型实验。既然进行的是模型而非实物实验，于是便产生这样的问题：模型实验能反映实物原型的真实应力状态吗？如果能，那么对模型实验是否还有什么要求？模型实验结果又怎样移植到原型上去？

相似理论就是用来解决上述问题。所谓相似理论，是指两个物理现象符合哪些条件则是相似的，相似现象具有什么性质和怎样利用相似现象的性质，把对一个相像的研究结果，推广到一系列相似现象中去的方法。

相似理论总共包括三个定理。相似第一定理是指当基本方程已知，如何利用基本方程建立相似条件；相似第二定理是指当描述现象的物理方程未知时，如何利用量纲分析建立相似条件。相似第一定理和第二定理是在假设两物理过程相似的前提下研究相似现象的性质，即相似的必要条件。而相似第三定理则是根据现象的已知情况判别两现象是否相似，或者说，模型满足哪些条件之后则和原型相似，即相似的充分条件。

思考　如图 2－1 所示，简支梁承受均布载荷 q，集中载荷 P，现开展模型实验，模型尺寸按 1∶10 设计，试问如何设计模型的加载方式，方能反映实际简支梁的真实应力状态？

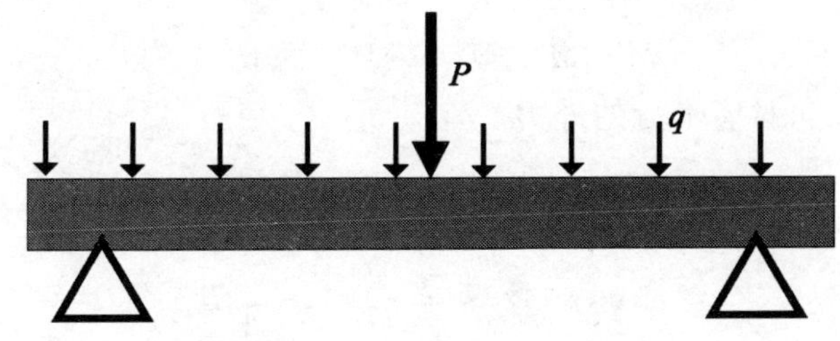

图 2－1　简支梁模型实验

工程力学常用模型开展实验应力分析，主要原因如下：

(1) 有些方法必须用模型，如光弹性实验要求必须选用受力后能产生人工双折射现象的光弹性材料开展实验。

(2)某些新设计或正在设计的结构,实物尚未加工出来,而模型加工比实物容易、省钱,则可通过模型实验来比较设计方案及校核设计。

(3)对特殊结构不能在原型上进行测试,如桥梁结构的最大承载强度实验以及一些小精密零件往往无法采用常规实验仪器进行测量,必须在放大后的模型上开展实验。

利用相似理论进行模型实验,必须解决以下问题:

(1)合理选择模型材料、尺寸、载荷及实验方法。

(2)由模型测试结果推知真实物体的受力变形情况,即寻找模型与原型二者应力应变之间的换算关系。

建立相似条件的方法:

(1)基本方程已知时,用基本方程建立相似条件。

(2)描述现象的基本方程未知时,通过量纲分析建立相似条件。

2.1 相似第一定理

两物理现象相似定义为:如果在几何相似的物系中,进行具有统一物理性质的变化过程,而且两物理现象中各对应的同名物理量间有固定的比例常数。

2.1.1 相似常数

最简单的相似现象是几何相似:若两个几何图形对应的空间未知几何尺寸有同一比例常数,即满足几何相似。而物理现象相似更为复杂(广泛),以两质点系动力学相似为例,如图 2-2 所示,设两初始位置几何相似的质点系:

$$M_1, M_2, M_3, \cdots M_i, \cdots M_n$$
$$M'_1, M'_2, M'_3, \cdots M'_i, \cdots M'_n$$

各质点上作用方向对应平行的外力

$$F_1, F_2, F_3, \cdots, F_i, \cdots F_n$$
$$F'_1, F'_2, F'_3, \cdots, F'_i, \cdots, F'_n$$

在对应的时间 t、t' 内各点质点移动了距离:

$$l_1, l_2, l_3, \cdots, l_i, \cdots l_n$$
$$l'_1, l'_2, l'_3, \cdots l'_i, \cdots, l'_n$$

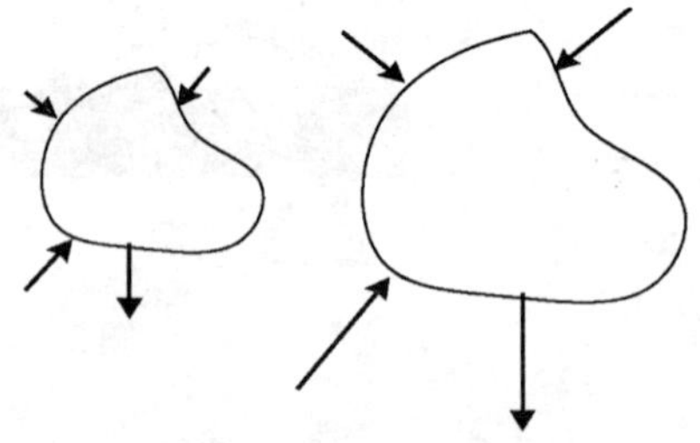

图 2-2 两质点系相似

如果两质点系中对应的同名物理量有固

定的比例常数

$$\left.\begin{aligned}&\frac{M'_1}{M_1}=\frac{M'_2}{M_2}=\frac{M'_3}{M_3}=\cdots=\frac{M'_i}{M_i}=\cdots=\frac{M'_n}{M_n}=C_M\\&\frac{F'_1}{F_1}=\frac{F'_2}{F_2}=\frac{F'_3}{F_3}=\cdots=\frac{F'_i}{F_i}=\cdots=\frac{F'_n}{F_n}=C_F\\&\frac{l'_1}{l_1}=\frac{l'_2}{l_2}=\frac{l'_3}{l_3}=\cdots=\frac{l'_i}{l_i}=\cdots=\frac{l'_n}{l_n}=C_l\\&\frac{t'}{t}=C_t\end{aligned}\right\}\tag{2-1}$$

则该两物理现象(质点系)是相似的,而 C_M,C_F,C_l,C_t 为相似常数。

2.1.2　相似常数间的关系

根据牛顿第二定律,对上述问题第一质点系满足

$$F_i=M_i\frac{\mathrm{d}^2l_i}{\mathrm{d}t^2}\quad(i=1,2,\cdots,n)\tag{2-2}$$

同理,第二质点系满足

$$F'_i=M'_i\frac{\mathrm{d}^2l'_i}{\mathrm{d}t'^2}\ (i=1,2,\cdots,n)\tag{2-3}$$

由式(2-1)得

$$M'_i=C_MM_i,\quad F'_i=C_FF_i,\quad t'=C_tt,\quad l'_i=C_ll_i\tag{2-4}$$

代入式(2-3)得

$$C_FF_i=C_MM_i\frac{C_l}{C_t^{\ 2}}\frac{\mathrm{d}^2l_i}{\mathrm{d}t^2}\tag{2-5}$$

即

$$F_i=\frac{C_MC_l}{C_FC_t^{\ 2}}M_i\frac{\mathrm{d}^2l_i}{\mathrm{d}t^2}\tag{2-6}$$

所以

$$\frac{C_MC_l}{C_FC_t^{\ 2}}=1\tag{2-7}$$

上式说明相似现象中的各相似常数之间存在一定关系,这是物理现象中各物理现象存在一定函数关系的缘故。此处相似常数解 $\frac{C_MC_l}{C_FC_t^{\ 2}}$ 称为相似指标。

将式(2-1)代入式(2-7)整理后得

$$\frac{M'_il'_i}{F'_it'^2}=\frac{M_il_i}{F_it^2}\tag{2-8}$$

写成一般形式为

$$\frac{Ml}{Ft^2}=\pi \tag{2-9}$$

两现象相似满足

$$\pi'=\pi \tag{2-10}$$

这里将物理量群 $\frac{Ml}{Ft^2}$ 称为相似判据。

相似第一定理:相似现象的相似指标等于1或相似现象的相似判据相等。

相似第一定理阐明相似现象的基本性质,须寻求所研究的物理现象有几个相似判据及其具体形式。利用相似理论求解相似判据及其具体表达式所采用的方法:已知物理方程——通过分析该物理方程的方法;未知物理方程——通过量纲分析方法。

2.2 用分析物理方程的方法求相似判据

2.2.1 物理方程为代数方程时求相似判据

例 2-1 利用相似理论求图 2-3 所示矩形简支梁应力的相似判据。

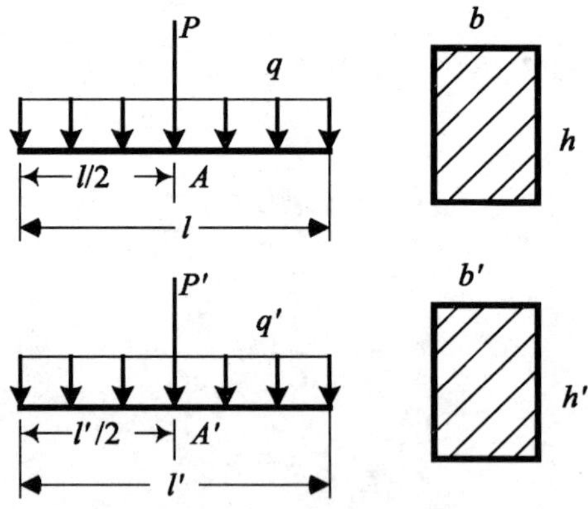

图 2-3 简支梁相似模型

由材料力学求得实物梁上最大正应力的计算公式为:

$$\sigma_A=\frac{Pl}{4W}+\frac{ql^2}{8W} \tag{2-11}$$

同理,模型上最大正应力的计算公式为:

$$\sigma'_A = \frac{P'l'}{4W'} + \frac{q'l'^2}{8W'} \tag{2-12}$$

按照相似定义应有：

$$\left.\begin{aligned} \frac{P'}{P} = C_P, \quad \frac{q'}{q} = C_q \\ \frac{\sigma'}{\sigma} = C_\sigma, \quad \frac{l'}{l} = \frac{h'}{h} = \frac{b'}{b} = C_l \end{aligned}\right\} \tag{2-13}$$

矩形梁抗弯截面系数满足：

$$\frac{W'}{W} = \frac{\frac{1}{6}b'h'^2}{\frac{1}{6}b'h^2} = C_l^{\,3} \tag{2-14}$$

将上述相似常数代入式(2－12)整理得

$$\sigma_A = \frac{\sigma'_A}{C_\sigma} = \frac{C_P P C_l l}{4C_l^{\,3} W C_\sigma} + \frac{C_q q C_l^{\,2} l^2}{8C_l^{\,3} W C_\sigma} = \frac{C_P}{C_l^{\,2} C_\sigma} \cdot \frac{Pl}{4W} + \frac{C_q}{C_l C_\sigma} \cdot \frac{ql^2}{8W} \tag{2-15}$$

由式(2－11)和式(2－15)比较可求得相似指标为

$$\frac{C_P}{C_l^2 C_\sigma} = 1; \quad \frac{C_q}{C_l C_\sigma} = 1 \tag{2-16}$$

再把各物理量代入相似指标并整理可求得相似判据为

$$\frac{P'}{\sigma' l'^2} = \frac{P}{\sigma l^2}; \quad \frac{q'}{\sigma' l'} = \frac{q}{\sigma l} \tag{2-17}$$

上式即为所求得的两个相似判据。由于模型和实物的几何尺寸比例满足 $C_l = 1:10$，如果实验中要求模型上产生与实物大小相同的应力，即要求 $C_\sigma = 1$，则根据相似第一定理有

$$\pi'_1 = \pi_1; \quad \pi'_2 = \pi_2 \tag{2-18}$$

即

$$\frac{P'}{\sigma' l'^2} = \frac{P}{\sigma l^2}; \quad \frac{q'}{\sigma' l'} = \frac{q}{\sigma l}$$

由此求得

$$P' = C_\sigma \cdot C_l^2 \cdot P = \frac{1}{100}P$$

$$q' = C_\sigma \cdot C_l \cdot q = \frac{1}{10}q$$

即根据相似第一定理求得加载在上述简支梁上的几种载荷应为原型的 $\frac{1}{100}$；均布线载荷应为原型的 $\frac{1}{10}$。因此，进行模型实验时，施加在模型上的载荷大小不是任意的，必须由相似判据决定。

2.2.2 物理方程为微分(积分)方程时求相似判据——“积分”相似法

上述简支梁受均布载荷和集中载荷作用发生弯曲变形，其物理方程是一代数形式，而在许多工程实际中，其物理方程往往是一微分(积分)形式，那么如何对微分(积分)形式的物理方程建立相似判据，下面用一简单实例给予解释。

例 2-2 单自由度受迫振动的微分方程为：

$$M\frac{\mathrm{d}^2x}{\mathrm{d}t^2} + S\frac{\mathrm{d}x}{\mathrm{d}t} + Kx = p(t) \tag{2-19}$$

式中，M 为质点质量；S 为阻力系数；K 为弹簧刚度；$P(t)$ 为阻力。

解： 把微分方程中所有微分(积分)符号除去：

$$M\frac{x}{t^2} + S\frac{x}{t} + Kx = p(t) \tag{2-20}$$

进行无量纲化处理，式中各项除以其中任意一项

$$\frac{M}{Kt^2} + \frac{S}{Kt} + 1 = \frac{p(t)}{Kx} \tag{2-21}$$

除常数项外，式中其他各项均为相似判据，即可令

$$\frac{M}{Kt^2} = \pi_1;\quad \frac{S}{Kt} = \pi_2;\quad \frac{p(t)}{Kx} = \pi_3 \tag{2-22}$$

式(2-20)中也可以用第一项 $M\frac{x}{t^2}$ 来遍除全式中各项而求得

$$1 + \frac{St}{M} + \frac{Kt^2}{M} = \frac{p(t)t^2}{Mx} \tag{2-23}$$

从而得到另外三个判据：

$$\frac{St}{M} = \pi_4;\quad \frac{Kt^2}{M} = \pi_5;\quad \frac{p(t)t^2}{Mx} = \pi_6 \tag{2-24}$$

但不难发现

$$\pi_4 = \frac{\pi_2}{\pi_1};\quad \pi_5 = \frac{1}{\pi_1};\quad \pi_6 = \frac{\pi_3}{\pi_1} \tag{2-25}$$

即 π_4，π_5，π_6 可由 π_1，π_2，π_3 确定，不是独立判据；而 π_1，π_2，π_3 之间不能相互确定，均为独立判据。因此，本例中独立判据可以以不同形式出现（也可以取 π_4，π_5，π_6），但数目只有三个。当物理方程已知时，可以根据物理方程直接确定所有独立判据；但当物理方程位置时，如何确定具体有几个独立判据，将在下一节中给予介绍。

例 2-3　用模型实验求图 2-4 所示变截面梁横向振动的自振频率。已知模型梁的相似常数为 $\frac{l'}{l}=\frac{h'_x}{h_x}=\frac{b'}{b}=C_L=\frac{1}{20}$，弹性模量相似常数 $\frac{E'}{E}=C_E=1$，材料密度相似常数 $\frac{\rho'}{\rho}=C_\rho=1$。假设模型实验测出模型梁的一次自振频率 $f_1'=48$，试求原型梁的一次自振频率。

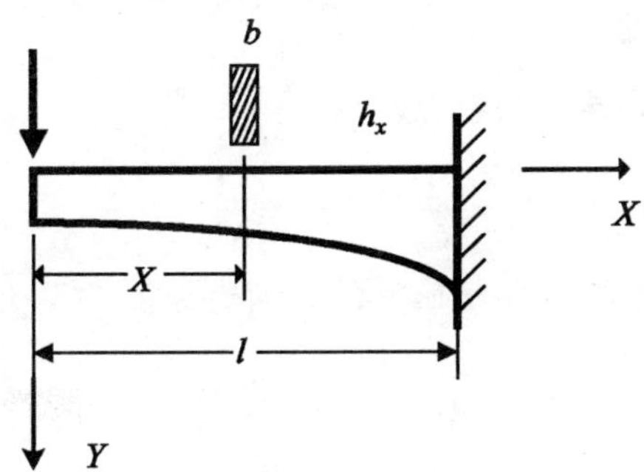

图 2-4　变截面梁自振模型

解：变截面梁的横向自由振动的微分方程为

$$\frac{\partial^2}{\partial x^2}\left(EJ_x\frac{\partial^2 y}{\partial x^2}\right)+A_x\rho\frac{\partial^2 y}{\partial t^2}=0 \tag{2-26}$$

式中，

$$A_x=A_x\cdot b;\quad J_x=\frac{1}{12}bh_x^3$$

去掉微分符号

$$\frac{1}{x^2}\left(EJ_x\frac{y}{x^2}\right)+A_x\rho\frac{y}{t^2}=0 \tag{2-27}$$

用第二项除各项

$$\frac{EJ_x y}{x^4}\cdot\frac{t^2}{A_x\rho y}+1=0 \tag{2-28}$$

相似判据为

$$\pi = \frac{EJ_x t^2}{A_x \rho x^4} \tag{2-29}$$

根据相似第一定理：$\pi' = \pi$ 即

$$\frac{E'J'_x t'^2}{A'_x \rho' x'^4} = \frac{EJ_x t^2}{A_x \rho x^4} \tag{2-30}$$

移项并整理后得

$$C_t^2 = \frac{t'^2}{t^2} = \frac{A'_x \rho' x'^4}{E'J'_x A_x \rho x^4} = \frac{1}{C_E} \cdot \frac{1}{C_L^4} \cdot C_L^2 C_\rho \cdot C_L^4 = C_L^2 \cdot \frac{C_\rho}{C_E} \tag{2-31}$$

因此

$$C_t = C_L \sqrt{\frac{C_\rho}{C_E}} \tag{2-32}$$

因为振动频率与周期成导数关系，故有：

$$C_f = \frac{1}{C_T} = \frac{1}{C_t} = \frac{1}{C_L} \sqrt{\frac{C_E}{C_\rho}} \tag{2-33}$$

最后求得原型梁的自振频率和模型梁的自振频率的关系为

$$f_1 = C_L \sqrt{\frac{C_\rho}{C_E}} f'_1 \tag{2-34}$$

故本题原型梁的一次自振频率为

$$f_1 = \frac{1}{20} \sqrt{\frac{1}{1}} \times 48 = 2.4\ (\mathrm{Hz}) \tag{2-35}$$

2.3 量纲分析和相似第二定理

上节中所举例子均为物理方程已知，但实际工程中的许多物理现象我们并不能给出其准确解析表达式，这时就无法用相似第一定理确定相关相似判据。对于这类所研究的物理现象求不出它的物理方程时，可以利用量纲分析方法求得该物理现象的相似判据。相似第二定理，即 π 定理，主要说明描述一个具体的物理现象有几个独立的相似判据。下面首先介绍量纲分析方法，在此基础上，对 π 定理给予简单解释，为下一节如何利用量纲分析方法建立物理方程未知的物理现象相似判据提供理论基础。

2.3.1 力学量纲和量纲公式

物理量的种类称为量纲。量纲只涉及物理量的属性而不论其具体的含义,例如一个物体的长度、高度、宽度都是表示尺寸的物理量,因此属于同一类物理量,它们的量纲相同。从量纲角度考虑,力学系统中基本物理量包括三个,即长度、时间和质量,分别用量纲符号[L]、[T]、[M]表示。它们彼此独立,而其他力学量的量纲,均可以用这三个基本物理量纲表示,如速度的量纲 [v] =[L/T],力的量纲[F]=[MLT^{-2}]。即任一力学量 Q 的量纲可以表示为

$$[Q]=[M^pL^qT^r] \tag{2-36}$$

式(2-36)表示导出单位与基本单位之间的关系式,称为量纲分析。表2-1中列出了力学系统中常用物理量的量纲公式,其中应变和泊松比为无量纲量,可表示为[$M^0L^0T^0$]。显然,除应变和泊松比这两个无量纲量外,其他各物理量的数值将随基本物理量变更而变更。例如,设 M、L、T 的度量单位分别增大到 α_1、α_2、α_3 倍

$$M^*=\frac{1}{\alpha_1}M;\quad L^*=\frac{1}{\alpha_2}L;\quad T^*=\frac{1}{\alpha_3}T \tag{2-37}$$

其中带有"*"号表示变更后的度量单位,那么导出物理量将从 Q 增大到 Q^*,满足

$$Q^*=\frac{1}{\alpha_1{}^p}\cdot\frac{1}{\alpha_1{}^q}\cdot\frac{1}{\alpha_1{}^r}Q \tag{2-38}$$

表2-1 常用物理量的量纲公式

物理量	符号	量纲公式	物理量	符号	量纲公式
集中力	P	[MLT^{-2}]	截面惯性矩	J	[L^4]
线载荷	Q	[MT^{-2}]	截面抗弯系数	W	[L^3]
面载荷	P	[$ML^{-1}T^{-2}$]	静矩	S	[L^3]
集中力矩	M	[ML^2T^{-2}]	速度	v	[LT^{-1}]
应力	σ 或 τ	[$ML^{-1}T^{-2}$]	加速度	a	[LT^{-2}]
应变	ε 或 γ	[$M^0L^0T^0$]	弹簧刚度	k	[MT^{-2}]
位移	L	[L]	阻力系数	c	[MT^{-1}]
弹性模量	E	[$ML^{-1}T^{-2}$]	频率	f	[T^{-1}]
泊松比	μ	[$M^0L^0T^0$]	功或能	U	[ML^2T^{-2}]
应力强度因子	K	[$ML^{-0.5}T^{-2}$]	功率	P	[ML^2T^{-3}]

2.3.2 物理方程量纲的均匀性和齐次性

对物理现象建立物理方程就是在选定某一单位系统下，求出反映该物理现象客观规律的各物理量间的关系式。一个物理方程可能包括若干项的相加减，每项的量纲都可以用基本物理量表示。那么，每项的量纲应该相同，否则无法加减，并且各基本物理量应采用同一度量单位，如同一方程中长度单位均采用米，这称为物理方程量纲的均匀性。

当变更某一基本单位时，物理方程中包含该基本单位的各项应按其量纲公式同时变化，从而保证物理方程形式不变，这称为物理方程量纲的齐次性。

物理方程量纲的均匀性是建立相似判据的理论基础，而齐次性是确保正确利用量纲方法建立相似判据的保证。

2.3.3 π 定理

π 定理又称巴金汉（E. Buckingham）定理，在相似理论中称 π 定理为相似第二定理。其简述如下：一个物理现象可用 n 个物理量构成的物理方程描述，其中 k 个独立物理量，即有 k 个基本物理量，则该物理现象也可用这些物理量组成的 $(n-k)$ 个无量纲解的关系式描述，即可建立 $(n-k)$ 个相似判据。π 定理主要用来确定对于一个物理方程，其相似判据到底有多少。

对于 π 定理的严格证明可参考相关资料。这里仅简单解释如下：n 个物理量中有 k 个基本物理量，那么根据基本物理量的定义，这 k 个基本物理量间无法建立关系式。除此之外，其他 $n-k$ 个导出物理量 $(k+1,\ k+2,\cdots,k+n)$ 可以建立 $n-k$ 个关系式。

两物理现象相似，即要求模型和实物待求物理量（假设为第 $(k+i)$ 个物理量）的 π 判据相等，即

$$\pi_{k+i}^{*} = \pi_{k+i} \tag{2-39}$$

那么根据 π 定理，n 个物理量中有 k 个基本物理量时可建立 $n-k$ 个无量纲解的关系式，必须满足

$$\pi_m^{*} = \pi_m \quad (m = k+1, k+2, \cdots, k+n;\ m \neq k+i) \tag{2-40}$$

上述 $n-k-1$ 个判据称为决定判据。

这里利用量纲分析方法来解释上节中对于微（积）分方程建立相似判据时为什么可以简单去掉微（积）分符号。相似判据是无量纲的，反之，无量纲群均为相似判据，因为只有无量纲群在变化单位时和相似变换时其数值保持不变。了解相似判据的这一特性之后，再注意到从量纲角度来说对于某一物理方程，去

掉微(积)分符号并不会改变该项的物理量和量纲这两个事实。因此,对于微(积)分方程确定其相似判据时可直接去掉其微(积)分符号得到代数方程式。

2.4　弹性力学静力问题的相似关系

本节介绍如何利用量纲分析方法具体求解静力学问题的相似判据和相似关系。

2.4.1　非线性弹性力学问题

若结构或机械零部件的应力、应变与作用载荷不成线性关系,但结构材料的应力－应变关系仍为线性,即应力低于材料的比例极限时,属于非线性弹性力学问题。例如薄板的大挠度、薄板的纵横弯曲等便属于这类问题。

这类问题中,应力与载荷 P(为简单起见,设只有集中载荷作用)、结构尺寸、结构材料的弹性常数 E、μ 有关。故结构上的应力可表示为

$$\sigma = f(P,l,E,\mu) \tag{2-41}$$

可以证明,若 $y = f(P,l,E,\mu)$,则

$$[y] = [P]^{a} \cdot [l]^{b} \cdot [E]^{c} \cdot [\mu]^{d} \tag{2-42}$$

其中:a、b、c、d 是未知指数。

从表 2－1 中查出各量的量纲为

$$[\sigma] = [ML^{-1}T^{-2}],\quad [P] = [MLT^{-2}],\quad [l] = [L],$$
$$[E] = [ML^{-1}T^{-2}],\quad [\mu] = [M^{0}L^{0}T^{0}]$$

代入(2－41)式,则有

$$[ML^{-1}T^{-2}] = [ML^{-1}T^{-2}]^{a} \cdot [b]^{b} \cdot [ML^{-1}T^{-2}]^{c} \cdot [M^{0}L^{0}T^{0}]^{d}$$
$$= [M]^{a+c} \cdot [L]^{a+b-c} \cdot [T]^{-2(a+c)} \tag{2-43}$$

比较上式两边同类量纲的指数可得

$$a + c = 1,\quad a + b - c = -1,\quad -2(a + c) = -2$$

上面三个方程只有两个独立,故可求得

$$a = 1 - c,\quad b = 2c - 2$$

代回(2－43)式得

$$[\sigma] = [P]^{1-c} \cdot [L]^{2c-2} \cdot [E]^{c} \cdot [\mu]^{d} = \left[\frac{P}{l^{2}}\right] \cdot \left[\frac{El^{2}}{P}\right]^{c} \cdot [\mu]^{d} \tag{2-44}$$

无量纲化移项得

$$\left[\frac{\sigma l^2}{P}\right] = \left[\frac{El^2}{P}\right]^c \cdot [\mu]^d \tag{2-45}$$

显然,上式左右各项均写成了无量纲量,其函数关系式可表示为

$$\left(\frac{\sigma l^2}{P}\right) = F\left(\frac{El^2}{P}, \mu\right) \tag{2-46}$$

令

$$\pi_1 = \frac{\sigma l^2}{P}, \quad \pi_2 = \frac{El^2}{P}, \quad \pi_3 = \mu$$

式(2-46)可改写成

$$\pi_1 = F(\pi_2, \pi_3) \tag{2-47}$$

式(2-47)为非线性弹性力学静力问题的判据方程,其中 π_2 、π_3 为决定判据。

设计模型实验时,应满足相似条件,使

$$\pi'_2 = \pi_2, \quad \pi'_3 = \pi_3 \tag{2-48}$$

即使相似常数满足相似指标:

$$\frac{C_E C_L^2}{C_P} = 1 \quad 和 \quad C_u = 1 \tag{2-49}$$

若模型与原型相似,由 $\pi'_1 = \pi_1$ 求应力相似常数:

$$C_\sigma = \frac{C_P}{C_l^2} = C_E \tag{2-50}$$

由上式求得模型应力换算原型应力的关系为:

$$\sigma = \frac{1}{C_E}\sigma' \tag{2-51}$$

上面是假设只有集中力作用在结构无上。如果结构上同时还作用有线载荷 q,面载荷 p,集中力偶 m,及结构自重 r,可将其作为影响应力的因素放入式(2-41),再由量纲分析求出其决定判据,由相似条件求出与其有关的相似指标,应满足下列关系:

$$\frac{C_q}{C_E C_l} = 1, \quad \frac{C_P}{C_E} = 1, \quad \frac{C_m}{C_E C_l^{\,3}} = 1, \quad \frac{C_\gamma C_l}{C_E} = 1 \tag{2-52}$$

也就是说,涉及模型时它们的相似常数不能任意选择,应满足(2-52)关系式。

2.4.2 线弹性力学问题

线弹性力学的应力和弹性模量 E 无关。只有集中力作用时,σ 的表达式可表示为

$$\sigma = f(P, l, \mu) \tag{2-53}$$

同样可把(2－53)无量纲化求得判据方程

$$\frac{\sigma l^2}{P} = F_1(\mu) \tag{2-54}$$

令

$$\pi_1 = \frac{\sigma l^2}{P},\quad \pi_2 = \mu$$

则

$$\pi_1 = F(\pi_2)$$

设计模型时,只需满足相似条件 $\pi'_2 = \pi_2$,即 $C_u = 1$ 。相似常数 C_P 、C_l 、C_E 可根据实际情况任选。

若模型与原型相似,则由 $\pi'_1 = \pi_1$求得应力的相似常数

$$C_\sigma = \frac{C_P}{C_l^2} \tag{2-55}$$

原型与模型的应力换算关系为:

$$\sigma = C_l^2 \frac{1}{C_P}\sigma' \tag{2-56}$$

同样,如果结构上还存在 q、p、m、r 的作用,则相似常数应按下列关系选取

$$\frac{C_q C_l}{C_P} = 1,\quad \frac{C_p C_l^{\ 2}}{C_P} = 1,\quad \frac{C_m}{C_P C_l} = 1,\quad \frac{C_\gamma C_l^{\ 3}}{C_P} = 1 \tag{2-57}$$

线弹性力学问题由于引入了应力与弹性模量 E 无关的概念,不再要求满足 $\frac{C_E C_l^{\ 2}}{C_P} = 1$ 的条件,放松对模型设计的要求。这种情况称为弹性问题的广义相似。

2.4.3　非线性平面应力问题

平面应力问题的载荷和应力沿板厚方向不变,因此研究这类问题时取单位厚度的板。设作用在结构上的集中力为 P,平板厚度为 d,取单位厚度板时,作用的线力为 $\frac{P}{d}$ 。应力关系式可表示为

$$\sigma = f\left(\frac{P}{d}, l, E, \mu\right) \tag{2-58}$$

量纲关系式设为

$$[\sigma] = \left[\frac{P}{d}\right]^a \cdot [l]^b \cdot [E]^c \cdot [\mu]^d \tag{2-59}$$

从表 2 - 1 中查出各量的量纲代入上式得

$$[ML^{-1}T^{-2}] = [M]^{a+c} \cdot [L]^{b-c} \cdot [T]^{-2(a+c)} \tag{2-60}$$

比较上式两边同类量纲的指数可得

$$a + c = 1, \quad b - c = -1, \quad -2(a + c) = -2 \tag{2-61}$$

由上式得

$$a = 1 - c, \quad b = c - 1 \tag{2-62}$$

代回(2 - 59)式得

$$[\sigma] = \left[\frac{P}{d}\right]^{1-c} \cdot [l]^{c-1} \cdot [E]^{c} \cdot [\mu]^{d} = \left[\frac{P}{d \cdot l}\right] \cdot \left[\frac{E \cdot l \cdot d}{P}\right]^{c} \cdot [\mu]^{d} \tag{2-63}$$

将 $\left[\frac{P}{d \cdot l}\right]$ 移至等式左边无量纲化得

$$\left[\frac{\sigma \cdot d \cdot l}{P}\right] = \left[\frac{Edl}{P}\right]^{c} \cdot [\mu]^{d} \tag{2-64}$$

写成函数关系式可表示为

$$\frac{\sigma dl}{P} = F\left(\frac{Edl}{P}, \mu\right) \tag{2-65}$$

令：

$$\pi_1 = \frac{\sigma dl}{P}, \quad \pi_2 = \frac{Edl}{P}, \quad \pi_3 = \mu$$

得判据方程

$$\pi_1 = F(\pi_2, \pi_3) \tag{2-66}$$

设计模型实验时,应满足相似条件 $\pi_2' = \pi_2, \pi_3' = \pi_3$,亦即

$$\frac{E'd'l'}{P} = \frac{Edl}{P}, \quad \mu' = \mu \tag{2-67}$$

写成相似指标的形式

$$\frac{C_E C_d C_l}{C_P} = 1 \quad 和 \quad C_u = 1 \tag{2-68}$$

若模型与原型相似,由 $\pi'_1 = \pi_1$ 可求得应力相似常数

$$C_\sigma = \frac{C_P}{C_d C_l} = C_E \tag{2-69}$$

原型应力和模型应力的换算关系为：

$$\sigma = \frac{1}{C_E}\sigma' \tag{2-70}$$

对于平面应力问题，模型厚的相似常数 C_d 可以取成与模型平面方向相似常数 C_l 不同，只要满足（2－68）式决定判据即可。这样模型与原型在厚度方向可以不保持几何相似，这种模型称为变态模型。

2.4.4　线性平面应力问题

线弹性平面应力问题的应力与材料的弹性模量 E 无关，故应力可表示为

$$\sigma = f(P, l, \mu) \tag{2-71}$$

同样可无量纲化得判据方程

$$\frac{\sigma dl}{P} = F(\mu) \tag{2-72}$$

令

$$\pi_1 = \frac{\sigma dl}{P}, \quad \pi_2 = \mu$$

则

$$\pi_1 = F(\pi_2)$$

设计模型时，只需满足相似条件 $\pi'_2 = \pi_2$，即 $C_u = 1$ 。其他相似常数 C_P、C_l、C_d、C_E 可根据实际情况任意选取。

若模型与原型相似，则由 $\pi'_1 = \pi_1$ 求得应力的相似常数

$$C_\sigma = \frac{C_P}{C_d C_l} \tag{2-73}$$

原型应力与模型应力的换算关系为：

$$\sigma = \frac{C_l C_d}{C_P} \sigma' \tag{2-74}$$

从上面两个例题可以看出，平面问题有时并不一定要满足几何等比例变化。

2.5　相似第三定理

2.5.1　量纲分析法注意事项

在上节中，以弹性力学静力学问题为例，说明当物理方程的具体形式未知时，如何利用量纲分析的方法求得相似方程，为模型实验的模型设计和实验结果的应用提供依据。量纲分析是一种在模型设计中行之有效的方法，应该掌握。关于量纲分析方法应注意以下几点：

（1）量纲是说明物理量的属性，同类物理量的量纲相同，在进行量纲分析

时,应把物理量按类别考虑。例如,一点的应力包括正应力、剪应力,但从量纲角度考虑它们属于同类物理量。自然,由量纲分析所求得的相似常数,凡属于此类的物理量都应该遵守。

(2)只有正确认定哪些物理量与问题有关,并在量纲分析时把它们都考虑到了,量纲分析的结果才是正确的。如对于非线性弹性力学问题,如果错误地认为应力与弹性模量无关,在量纲分析时遗漏了 E,则会得出错误的结果,据此而设计的模型与原型不相似。

(3)量纲分析只是一种辅助方法,如物理方程已知,应该用分析方程法较为可靠。

(4)当物理方程未知时,量纲分析是求得判据方程的唯一方法。

(5)量纲分析没有考虑物理现象的单值条件,因此它只是现象相似的必要条件,而非充分条件。

2.5.2 相似第三定理

相似第一定理阐明相似现象的基本性质;相似第二定理解释当物理方程未知时,如何利用量纲分析方法确定相似判据。这两个定理是在假设现象相似的前提下研究相似的性质,所得结果是描述两现象相似的必要条件。那么假如两个现象已知,如何判断它们是否相似?怎样根据现象的已知情况判别其相似或模型满足哪些条件后和原型相似,即确定相似的充分条件。

根据前文所述,两现象相似的必要条件主要包括:①几何相似(除上面提到的病态相似现象)和物理方程文字结构相同;②判据方程完全相同(保证决定判据相等)。

我们知道,同一类物理方程可以描述一系列同类的物理现象,要描述某一特定物理过程还应包括单质条件。因此,上述两个必要条件只能保证两现象属于同一类物理过程,两现象相似的充分条件还应包括判别两物理现象的单值条件。

固体力学问题单值条件相似包括:①边界条件相似,包括支承(约束)条件相似(支承形式、支承相对位置、载荷形式、作用相对位置相似);②物理参数相似,对应的同类已知物理量的比例常数相等。

对于动力学问题单值条件还应包括:①时间相似:$\frac{t'}{t}=C_t$;②初始条件相似,包括初始几何位置,初始速度相似等。

第3章 断裂力学测试技术

第1、2章分别介绍了应变电测原理及相似理论，本章则是针对固体力学中的一个专门分支——断裂力学相关实验开展介绍。由于工程材料和结构件的非均匀性和非完整性，最终基本均以裂纹形成和裂纹扩展形式失效或破坏形，即控制其寿命和结构可靠性的往往是断裂力学参数。因此，断裂力学相关参数的实验测定在工程结构可靠性方面占有重要的地位。

线弹性断裂力学是研究理想脆性材料和构件，当存在裂纹型缺陷时裂纹尖端应力场和裂纹扩展规律的。对于裂纹尖端发生小范围塑性屈服的弹塑性问题，线弹性断裂力学经过适当地修正后，仍然可以用于含裂纹材料和构件的断裂分析。

弹塑性断裂问题，由于实际工程中对韧性和塑性材料分析的需要，在近半个多世纪来得到较快的发展。特别值得提起的是 1968 年 Hutchinson、Rice 与 Rosengren 发表了著名的 HRR 裂纹尖端奇异解，为弹塑性断裂力学提供了一个理论起点，随后大量的数值与实验研究为它的应用创造了条件。大量数值与实验结果均证明，弹塑性材料静止裂纹尖端存在 J 积分主导区。而且即使在小扩展量条件下，仍受 J 主导区控制，在这方面众多学者对扩展裂纹研究取得了重大成功，其中包括 1981 年 Gao 与 Hwang 发表了著名的 GH 扩展裂纹尖端奇异解，为进一步研究裂纹尖端附近某些物理量（例如裂纹前方的应变或裂纹开口形状等），和近尖端裂纹准则创造了条件。

本章首先对线弹性和弹塑性断裂力学的基本理论给予简述；在此基础上，着重介绍线弹性和弹塑性断裂力学的基本物理量的实验测试技术。包括：描述线弹性材料断裂性能的平面应变临界强度因子 K_{Ic} 的测定，描述弹塑性材料断裂性能的 *COD*、*J* 积分参数测定。上述参数都是针对平面应变条件，而且材料塑性变形能力有限。随着韧性高分子膜结构的广泛应用（如作为微电子器件的基膜、电绝缘膜等），对于这类具有很大塑性变形能力的、满足平面应力条件的结构材料断裂性能研究得到越来越多的重视。针对这类结构材料，本章将介绍一种新的断裂韧性表征参数——基本断裂功。

3.1　断裂力学基础

3.1.1　断裂机理及三种基本裂纹形态

断裂力学研究的关键问题之一是研究局部断裂条件,即断裂准则。而断裂准则是建立在对断裂机理基本研究基础之上。断裂机理通常分解理断裂和韧性断裂。解理断裂即脆性断裂,对于晶体材料,通常对应原子键的简单破裂而沿结晶面直接断开;韧性断裂的机理则是由于晶体中空穴的增长和汇集,与晶体之间的位错和滑移有关。

对于任何复杂受力形式的裂纹,总可以分解为如图 3－1 所示的Ⅰ型裂纹、Ⅱ型裂纹和Ⅲ型裂纹。其中Ⅰ型裂纹表面与外界作用力方向垂直,属于拉伸型破坏,Ⅱ、Ⅲ型裂纹表面与外力平行,分别属于面内和面外剪切破坏。

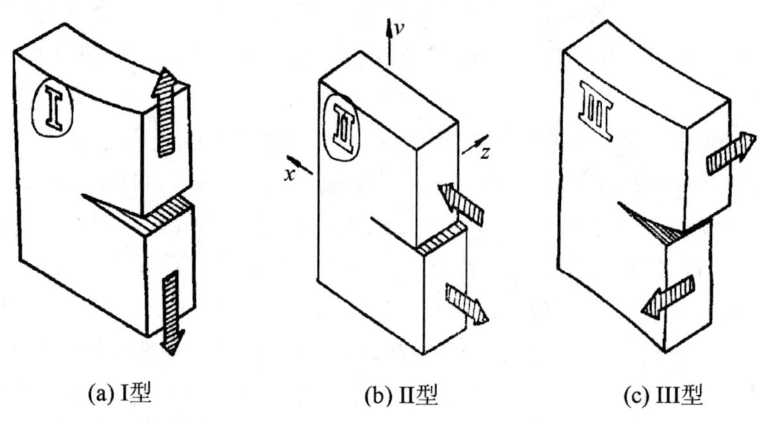

图 3－1　三种基本裂纹形态

3.1.2　断裂强度因子

裂纹尖端应力具有奇异性,即理论上说裂纹前端应力趋于无穷大,无法用材料力学中的屈服强度或破坏强度等完整材料力学参数作为裂纹扩展的依据,这是断裂力学与材料力学的根本区别之处。

早在 1920 年,格里菲斯(Griffith)就从能量平衡的观点研究了玻璃的脆断。他证明了:对于弹性体中预先存在的一条裂纹,当总位能(即系统的弹性能和外载的位能之和)的减小等于或超过形成两个新的裂纹表面的能量时,裂纹就会发生扩展。之后他又研究了裂纹尖端附件的应力场，发现当裂纹尖端的应力场强度达到材料的某一临界值时，裂纹就将发生扩展。对于如图 3－2 所示无穷大板中含有长度为 $2a$ 的穿透裂纹，远场受双向均匀拉伸应力 σ 作用时，格里菲斯提出了一个表征线弹性Ⅰ型断裂力学问题的重要参数——应力强度因子，其表达式定义为：

$$K_I = \lim_{r \to 0}[\sqrt{2\pi r}(\sigma_y)_{y=0}] \tag{3-1}$$

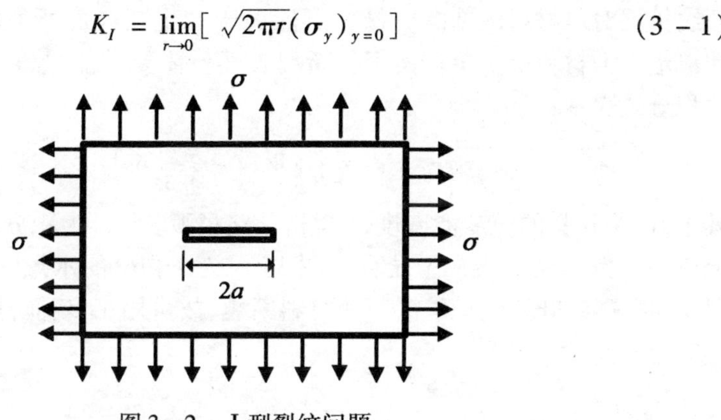

图 3－2　Ⅰ型裂纹问题

对于上述问题，格里菲斯给出其解析解为

$$K_I = \sigma\sqrt{\pi a} \tag{3-2}$$

式(3－1)和式(3－2)说明：裂纹尖端应力具有 1/2 奇异性，只要有裂纹存在，并且外加载荷不为零，裂纹尖端处应力总是趋于无穷大。同理，对于Ⅱ、Ⅲ型裂纹，其断裂强度因子分别表示为

$$K_{\mathrm{II}} = \tau_2\sqrt{\pi a},\quad K_{\mathrm{III}} = \tau_3\sqrt{\pi a} \tag{3-3}$$

其中 τ_2、τ_3 分别表示远离裂纹尖端的面内剪切应力和面外剪切应力。

应力强度因子的物理意义是，每种材料存在一个临界断裂强度因子值 K_C，对于含裂纹受力体，当其实际断裂强度因子大于材料的临界断裂强度因子值 K_C 时，裂纹就会向前扩展。

应力强度因子是线弹性断裂力学最重要的断裂判据。对于裂纹尖端存在小范围塑性变形时，也可以采用式(3－4)给出修正而得到很好的结果

$$K'_I = \sigma\sqrt{\pi(a + r_y)} \tag{3-4}$$

其中 r_y 表示裂纹尖端塑性区长度的一半。

临界应力强度因子在表征脆性材料和小变形塑性材料的断裂问题时得到了很好的应用，但由于其建立在线弹性断裂力学基础上，对于一些韧性材料的弹塑

性断裂问题不再适用。目前最常用的弹塑性断裂力学参量有 J 积分和裂纹尖端展开位移(COD)两个参量。

3.1.3 J 积分

1968 年 J. R. Rice 首次提出了 J 积分概念。由于断裂本质是新表面的产生，裂纹扩展对应材料内部的机械变形能大于产生新表面所需的能量。因此，J 参数被定义为材料产生单位面积新断裂表面所需要的能量，可由下列与路径无关的积分式表示：

$$J = \int_{\Gamma}\left(W\mathrm{d}y - T\frac{\partial u}{\partial x}\mathrm{d}s\right) \tag{3-5}$$

其中，W 为材料的应变能密度，s 为积分路径弧长，Γ 为积分路径，T 为积分路径上应力矢量，u 为 x 方向上位移。图 3-3 为 J 积分的示意图。当 J 达到一临界值 J_C 时，裂纹开始失稳扩展而使材料断裂，故可用 J_C 表征材料的断裂韧性。

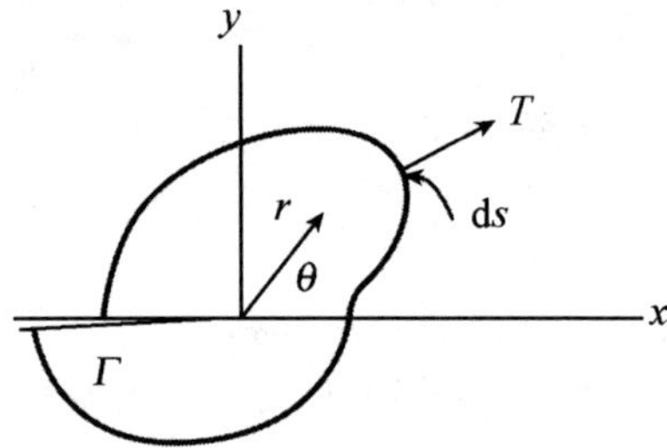

图 3-3　J 积分示意图

在线弹性状态下，J 积分和裂纹尖端应力强度因子 K_I、裂纹扩展力 G_I 之间存在下述关系

对于平面应变　$$J = \frac{1-\nu^2}{E}K_I^{\ 2} = G_I \tag{3-6}$$

对于平面应力　$$J = \frac{K_I^{\ 2}}{E} = G_I \tag{3-7}$$

由此可见，在线弹性阶段下，J 积分断裂判据 $J = J_{Ic}$ 与 $K_I = K_{Ic}$，$G_I = G_{Ic}$ 完全等效。

3.1.4 裂尖张开位移

裂尖张开位移(crack opening displacement, COD)是裂纹受到载荷作用后，在初始裂纹尖端垂直于裂纹面方向上的位移，常记为 δ。它是韦尔斯(Wells)

1963 年提出的用于度量裂纹尖端塑性变形程度的一个参量。以 δ 参量来判断裂纹是否开裂的准则,即 COD 准则。该准则认为,裂纹尖端张开位移 δ 随外载荷的增加而增大,当 δ 达到某一临界值 δ_c 即 $\delta = \delta_c$ 时,裂纹将开裂。与 J_c 一样,δ_c 是一个表征具有裂纹的材料抵抗韧性断裂能力的指标,是一个可由实验确定的材料常数。

3.2 线弹性断裂韧性 K_{Ic} 的测试

线弹性断裂参数 K_{Ic} 是目前工程实际中应用最为广泛的断裂参数,下面就对 K_{Ic} 标准测定方法和表面裂纹测定方法给予介绍,其中穿透型裂纹根据试件受力方式不同分为三点弯曲试件和紧凑拉伸试件。

3.2.1 平面应变断裂韧性 K_{Ic} 的测定

K_{Ic} 是材料处在平面应变及小范围屈服条件下,Ⅰ型裂纹尖端应力强度因子 K_I 的临界值,也就是说当 $K_I = K_{Ic}$ 时裂纹发生失稳扩展。因此,K_{Ic} 是材料的一种固有的断裂性能,在一定条件(如温度、加载速率等条件)下,它与外力、试件类型及尺寸有关。

Ⅰ型穿透裂纹应力强度因子 K_I 的表达式为

$$K_I = \sigma \sqrt{\pi a} f \tag{3-8}$$

式中,σ 为外加应力场,a 为裂纹长度,f 是一个与试件几何形状、尺寸及加载方式有关的常数。在线弹性范围内,应力场 σ 与试件受到的外载荷 P 成正比,随着 P 的增加,应力强度因子 K_I 也在增加,当 P 增加到某一数值 P_c 时,裂纹发生失稳扩展,把这时由外载荷 P_c 引起的应力 σ 及裂纹长度 a 代入式(3-8),即可求出 K_I 的临界值,即材料的平面应变断裂韧性 K_{Ic}。

目前平面应变断裂韧性 K_{Ic} 的实验测试主要采用三点弯曲和紧凑拉伸两类试件,分别如图 3-4、图 3-5 所示。

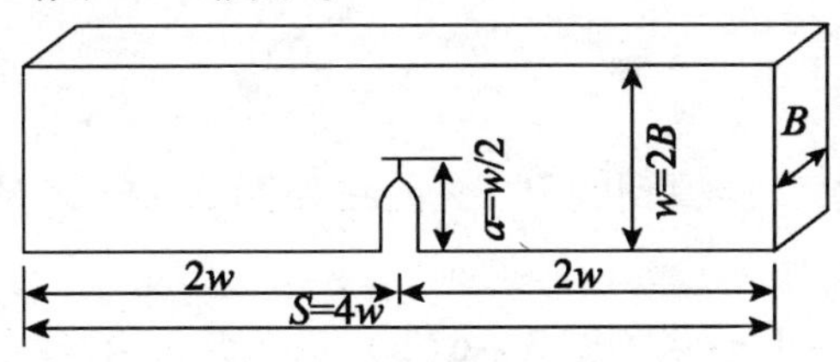

图 3-4 标准三点弯曲试件

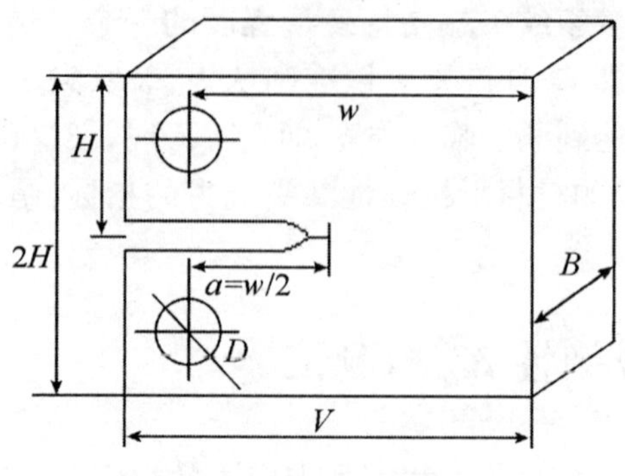

图 3－5　紧凑拉伸试件

无论采用何种类型的试件，为了得到 K_{Ic} 值，在实验中应保证平面应变条件，正确确定临界载荷 P_c 值是很重要的。理论上说测量不同载荷下的裂纹长度，待裂纹长度迅速增加，而外加载荷不增加或增加十分缓慢时裂纹便达到失稳扩展。但在实际操作过程中，要测量加载过程中每一瞬态裂纹的长度是困难的。因此常以测量裂纹开口处的裂纹张开位移 V 来代替测量裂纹长度，即实验得到的是 $P-V$ 曲线。通常它有三种典型结果，如图 3－6 所示。下面具体介绍实验测定平面应变断裂韧性 K_{Ic}。

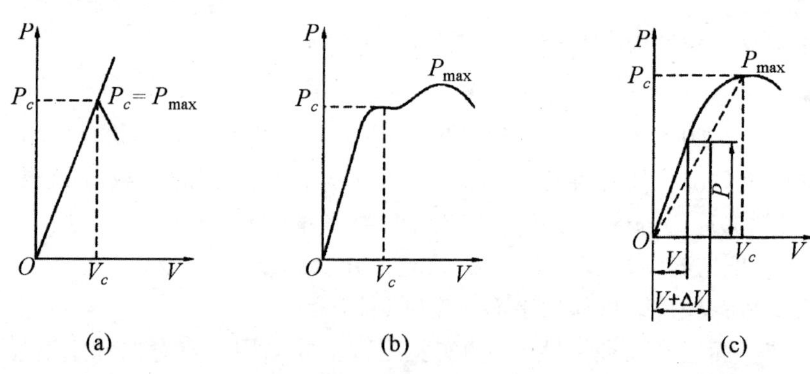

图 3－6　典型的 $P-V$ 曲线

1. P_c 值的确定

(1) 当材料很脆，实验得到的 $P-V$ 曲线如图 3－6(a) 所示，此时最大断裂载荷 P_{max} 即为 P_c。

(2) 实验得到 $P-V$ 曲线如图 3－6(b)、(c) 所示，裂纹起裂以后，有一段扩展过程，还能承受载荷。对于这种情况，裂纹失稳扩展的临界外力 P_c 通常取裂纹相对扩展2%所对应的外加载荷值。当 $a/w \approx 0.5$ 时,无论是三点弯曲试件还是紧凑拉伸试件,$\frac{\Delta a}{a} = 2\%$ 时,大约相当 $\frac{\Delta V}{V} = 5\%$,即

$$\frac{V + \Delta V}{V} = 1.05\%, \quad \frac{P}{V + \Delta V} = \frac{1}{1.05}\left(\frac{P}{V}\right) \approx 0.95\left(\frac{P}{V}\right) \tag{3-9}$$

于是过坐标原点 O 作一条斜率比 $P-V$ 曲线初始段斜率(P/V)小5%的斜线与 $P-V$ 曲线交点即为裂纹失稳扩展时的临界外载荷 P_c 。

2. 裂纹长度 a 的确定

如图3-7所示,在断裂试件断口沿厚度方向等距离地取5点,用放大倍数为30~50的显微镜测出各点的 a 值: a_1 , a_2 , a_3 , a_4 , a_5 ,精确到5%。取中间三点 a 的平均值作为裂纹的有效长度,即

$$a = \frac{1}{3}(a_1 + a_2 + a_3) \tag{3-10}$$

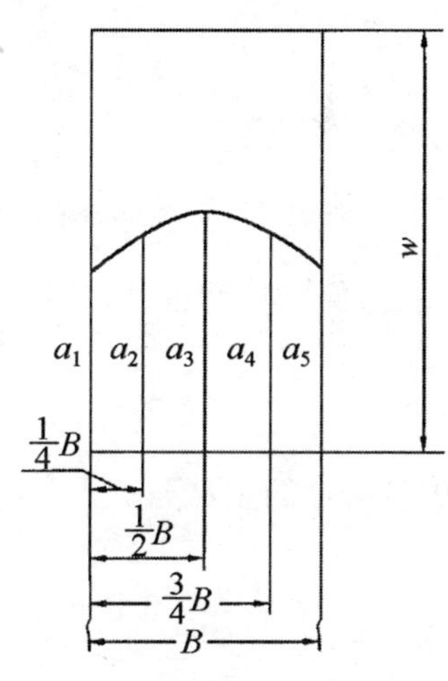

图3-7 裂纹长度 a 的测定

3. 实验结果有效性判断

平面应变断裂韧性 K_{Ic} 的实验确定要求满足小范围屈服条件和平面应变条件。为了满足平面应变条件,要求裂纹长度 a、试件厚度 B 以及韧带尺寸($w-a$)需同时满足

$$a, B, w - a \geqslant 2.5\left(\frac{K_Q}{\sigma_s}\right)^2 \tag{3-11}$$

这里 σ_s 、K_Q 分别对应材料的屈服应力和由临界应力 P_c 计算得到的断裂韧性值。

除上述平面应变条件外,还需满足小范围屈服条件,即

$$\frac{P_{\max}}{P_c} \leqslant 1.1 \tag{3-12}$$

只有同时满足式(3-11)和(3-12),实验得到的断裂韧性 K_Q 才被认为是材料平面应变断裂韧性 K_{Ic} 。

4. 试样形状因子和断裂韧性计算公式

(1)三点弯曲试件。公式(3-8)中 f 为试件的形状因子,它是试件裂纹长度 a 和跨距 w 比值的函数。对于三点弯曲公式(3-8)取如下形式

$$K_I = \frac{PS}{Bw^{3/2}} \cdot f\left(\frac{a}{w}\right) \tag{3-13}$$

式中，P 为外加载荷，S 为三点弯曲两下支座支撑点的跨距，w 为试件宽度，B 为试件厚度，a 为裂纹长度，$f\left(\frac{a}{w}\right)$ 为试件的形状因子，具体形式如下

$$f\left(\frac{a}{w}\right) = \frac{3\left(\frac{a}{w}\right)^{1/2}\left[1.99 - \left(\frac{a}{w}\right)\left(1 - \frac{a}{w}\right)\left(2.15 - 3.93\frac{a}{w} + 2.7\frac{a^2}{w^2}\right)\right]}{2\left(1 + \frac{a}{w}\right)\left(1 - \frac{a}{w}\right)^2} \tag{3-14}$$

表 3-1 给出了 $\frac{a}{w} = 0.45 \sim 0.55$ 所对应的 $f\left(\frac{a}{w}\right)$ 值。

(2) 紧凑拉伸试件。对于这种试件，公式(3-7)取如下形式

$$K_I = \frac{P}{Bw^{1/2}} \cdot f\left(\frac{a}{w}\right) \tag{3-15}$$

式中各符号的意义与三点弯曲试件相同。函数 $f\left(\frac{a}{w}\right)$ 具有如下形式

$$f\left(\frac{a}{w}\right) = \frac{\left(2 + \frac{a}{w}\right)\left[0.866 + 4.64\frac{a}{w} - 13.32\left(\frac{a}{w}\right)^2 + 14.72\left(\frac{a}{w}\right)^3 - 5.6\left(\frac{a}{w}\right)^4\right]}{1 - \left(\frac{a}{w}\right)^{3/2}} \tag{3-16}$$

表 3-1 三点弯曲试件的 $f\left(\frac{a}{w}\right)$ 值

$\frac{a}{w}$	$f\left(\frac{a}{w}\right)$	$\frac{a}{w}$	$f\left(\frac{a}{w}\right)$	$\frac{a}{w}$	$f\left(\frac{a}{w}\right)$
0.450	2.29	0.485	2.54	0.520	2.84
0.455	2.32	0.490	2.58	0.525	2.89
0.460	2.35	0.495	2.62	0.530	2.94
0.465	2.39	0.500	2.66	0.535	2.99
0.470	2.43	0.505	2.70	0.540	3.04
0.475	2.46	0.510	2.75	0.545	3.09
0.480	2.50	0.515	2.79	0.550	3.14

表3－2给出了 $\frac{a}{w}=0.45\sim0.55$ 所对应的 $f\left(\frac{a}{w}\right)$ 值。

表3－2　紧凑拉伸试件的 $f\left(\frac{a}{w}\right)$ 值

$\frac{a}{w}$	$f\left(\frac{a}{w}\right)$	$\frac{a}{w}$	$f\left(\frac{a}{w}\right)$	$\frac{a}{w}$	$f\left(\frac{a}{w}\right)$
0.450	8.34	0.485	9.23	0.520	10.29
0.455	8.46	0.490	9.37	0.525	10.45
0.460	8.58	0.495	9.51	0.530	10.63
0.465	8.70	0.500	9.66	0.535	10.80
0.470	8.83	0.505	9.81	0.540	10.98
0.475	8.96	0.510	9.96	0.545	11.17
0.480	9.09	0.515	10.12	0.550	11.36

3.2.2　表面裂纹 K_{Ic} 的测定

标准平面应变断裂韧性 K_{Ic} 测定的是穿透型裂纹，对于大多数工程结构材料，在长期服役过程中，随着环境腐蚀和材料性能的退化，开始出现裂纹，但这些裂纹往往都是从材料表面首先产生的，然后逐步沿表面和垂直于表面两个方向扩展。那么如何评价这类含表面裂纹构件的断裂韧性，这对于工程结构安全可靠性评估具有更为重要的意义。

表面裂纹是指没有穿透板厚的裂纹，如图3－8所示。裂纹前缘基本上处于平面应变的三向等拉状态。试件断裂前的亚临界扩展很小，可以忽略不计。因此不需要测绘载荷与裂纹展开位移曲线（即 $P-V$ 曲线）。裂纹失稳扩展时的临界载荷简单地取为试件断裂时的最大载荷 P_{max} 即可。因此，表面裂纹断裂韧性值一般比材料的平面应变断裂韧性值稍许要高。

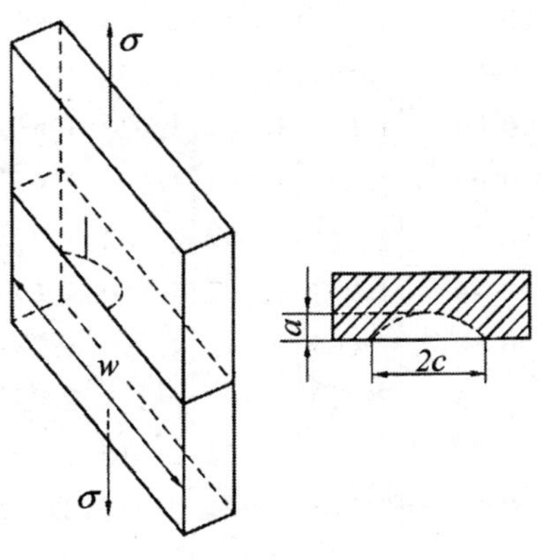

图3－8　表面裂纹试件

如图3－8所示，表面裂纹的形状一般假设为半椭圆状，它的长半轴为 c，短半轴

（即裂纹深度）为 a。裂纹最前缘点（即短轴端点）的应力强度因子为

$$K_I = \frac{M}{\sqrt{Q}} \sigma \sqrt{\pi a} \tag{3-17}$$

式中，M 为考虑板前、后面影响的修正系数。对于板椭圆形表面裂纹受到均匀拉应力 σ 作用的情况

$$M = 1.0 + 0.12\left(1 - \frac{a}{2c}\right)^2 \tag{3-18}$$

其他情况需查应力强度因子手册中的有关数据表。Q 为表面裂纹的形状因子，其数值如表 3－3 所示。

表 3－3　表面裂纹的形状因子 Q 值

a/c \ σ/σ_s	0.0	0.1	0.2	0.3	0.4	0.5	0.6	0.7	0.8	0.9	1.0
0.00	1.000	0.998	0.991	0.981	0.966	0.947	0.924	0.896	0.864	0.822	0.778
0.05	1.009	1.007	1.000	0.990	0.975	0.956	0.933	0.905	0.873	0.837	0.797
0.10	1.032	1.030	1.023	1.013	0.998	0.979	0.956	0.928	0.896	0.860	0.820
0.15	1.065	1.063	1.056	1.046	1.031	1.012	0.989	0.961	0.929	0.893	0.853
0.20	1.104	1.102	1.095	1.085	1.070	1.051	1.028	1.000	0.968	0.932	0.892
0.25	1.145	1.143	1.136	1.126	1.111	1.092	1.069	1.041	1.009	0.973	0.933
0.30	1.204	1.202	1.195	1.185	1.170	1.151	1.128	1.100	1.068	1.032	0.982
0.35	1.255	1.253	1.246	1.236	1.221	1.202	1.179	1.151	1.119	1.083	1.043
0.40	1.324	1.322	1.315	1.305	1.290	1.271	1.248	1.220	1.188	1.152	1.112
0.45	1.391	1.389	1.382	1.372	1.357	1.338	1.315	1.287	1.255	1.219	1.179
0.50	1.467	1.465	1.458	1.448	1.433	1.414	1.391	1.363	1.331	1.295	1.255
0.55	1.548	1.546	1.539	1.529	1.514	1.495	1.472	1.444	1.412	1.376	1.336
0.60	1.629	1.627	1.620	1.610	1.595	1.576	1.553	1.525	1.493	1.457	1.417
0.65	1.696	1.694	1.687	1.677	1.662	1.643	1.620	1.592	1.560	1.524	1.484
0.70	1.811	1.809	1.802	1.792	1.777	1.758	1.735	1.707	1.675	1.639	1.599
0.75	1.909	1.907	1.900	1.890	1.875	1.856	1.833	1.805	1.773	1.737	1.697
0.80	2.005	2.003	1.996	1.986	1.971	1.952	1.929	1.901	1.869	1.833	1.793
0.85	2.110	2.108	2.101	2.091	2.076	2.057	2.034	2.006	1.974	1.938	1.892
0.90	2.225	2.223	2.216	2.206	2.191	2.172	2.149	1.121	2.089	2.053	2.013
0.95	2.346	2.344	2.337	2.317	2.312	2.293	2.270	2.242	2.210	2.174	2.134
1.00	2.467	2.465	2.458	2.448	2.433	2.414	2.391	2.363	2.331	2.295	2.255

测试表面裂纹断裂韧性常用的试件如图 3－9 所示。类似于板状简单拉伸试件结构，只是在试件工作段预制了表面裂纹。试件工作段表面裂纹的预制方法可用装在洛氏硬度计上的两边对称扁平椭圆球体刀锯在试件表面压制压痕后，再经疲劳加载预制形成；也可用电火花切割或薄铣刀偏铣切后，再经疲劳加载预制形成。

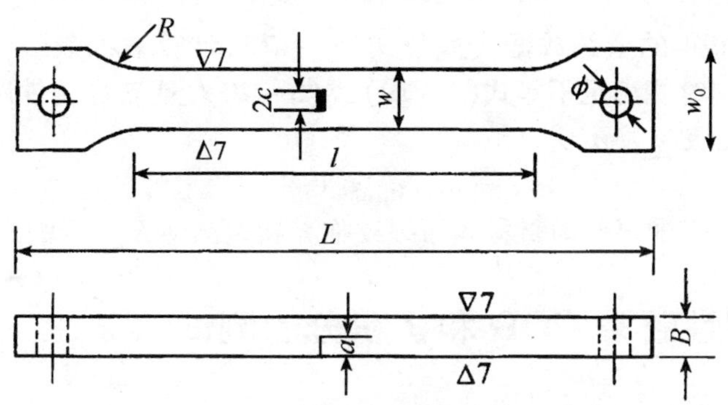

图 3－9　测试表面裂纹断裂韧性的试件

预制疲劳裂纹在疲劳试验机上完成。依据裂纹深度 a 与宽度 c 之比 a/c 的不同选择不同的加载方式。对于圆形深源裂纹，采用拉伸疲劳加载方式更为合适。为使裂纹足够尖锐，在疲劳的最后阶段，应使疲劳循环强度因子的最大值 $K_{f\max} < 0.7K_{Ic}$。为使裂纹在试件中达到预定的深度范围，制备试件的预备性实验是必备的。

制备好的表面裂纹试件，它的尺寸应满足如下要求：

$$\left.\begin{array}{l} B \geqslant 1.0(K_{Ic}/\sigma_s)^2 \\ a \geqslant 0.5(K_{Ic}/\sigma_s)^2 \\ (B-a) \geqslant 0.5(K_{Ic}/\sigma_s)^2 \end{array}\right\} \left(\text{浅裂纹}, \frac{a}{B} \leqslant 0.5\right) \tag{3-19}$$

$$\left.\begin{array}{l} B \geqslant 0.25(K_{Ic}/\sigma_s)^2 \\ (B-a) \geqslant 0.1(K_{Ic}/\sigma_s)^2 \end{array}\right\} \left(\text{深裂纹}, \frac{a}{B} > 0.5\right) \tag{3-20}$$

$$\frac{w}{2c} \geqslant 3 \quad \left(\frac{a}{2c} < 0.3\ \text{时}\right) \tag{3-21}$$

$$\frac{w}{2c} \geqslant 5 \quad \left(\frac{a}{2c} > 0.3\ \text{时}\right) \tag{3-22}$$

试件工作长度 $l \geqslant 2w$

在试验机上完成对试件的拉伸实验，记录下试件断裂时的最大载荷 $P = P_{\max}$，并按下式求出试件截面上的名义应力或净截面上的平均应力 σ

$$\sigma = \frac{P}{Bw} \quad 或 \quad \sigma = \frac{P}{Bw - \frac{\pi}{2}ac} \tag{3-23}$$

用读数显微镜测量出裂纹尺寸 a 和 $2c$；根据试件的形状及尺寸，确定 M 及 $\sqrt{Q}$。把如此获得的全部数据代入公式(3－17)，计算表面裂纹强度因子 K_I。如果所得 K_I 同时能满足不等式(3－19)或(3－20)，且满足试件断裂时的应力 σ_c 与材料的屈服应力 σ_s 之比

$$\sigma_c / \sigma_s \leqslant 0.9$$

那么这个所测 K_I 即可作为材料表面裂纹临界断裂韧性 K_{Ic}，否则测试结果无效。

3.3 弹塑性断裂 COD 和 J 积分的测试

COD 和 J 积分作为材料发生弹塑性断裂破坏的两个基本参数，目前从测试方法和实验技术来说已趋于完善，许多国家都制定了相应的测试标准，其实验步骤和所用的测试仪器及设备大体上与 K_{Ic} 的测试相同。下面分别予以介绍。

3.3.1 COD 临界值 δ_c 的测试

1. 试样尺寸

测量 COD 临界值 δ_c 一般采用三点弯曲试件，如图 3－4 所示，标准试件形状类似测试 K_{Ic} 的试件，需满足如下要求

$$试件宽度\ w = \begin{cases} 2B & 0.45 \leqslant \frac{a}{w} \leqslant 0.55 \\ 1.2B & 0.35 \leqslant \frac{a}{w} \leqslant 0.45 \\ B & 0.25 \leqslant \frac{a}{w} \leqslant 0.35 \end{cases} \tag{3-24}$$

加载跨距 $S = 4w$

试件中的疲劳裂纹在预制时应满足如下两个条件

$$\left.\begin{aligned} P_{f\max} &\leqslant 0.5P_L \\ P_{f\max} &\leqslant \frac{0.01EBw^{1/2}}{f(a/w)} \end{aligned}\right\} \tag{3-25}$$

式中 P_L 是试件的极限载荷，对于三点弯曲试件

$$P_L = 1.456\frac{B}{S}(w-a)^2\sigma_s$$

$f(a/w)$ 之值如表 3－4 所示。

表 3－4 $f(a/w)$ 之值

a/w	0.000	0.001	0.002	0.003	0.004	0.005	0.006	0.007	0.008	0.009
0.400	7.94	7.97	7.97	8.01	8.03	8.05	8.07	8.10	8.12	8.14
0.410	8.16	8.19	8.21	8.23	8.25	8.28	8.30	8.32	8.35	8.37
0.420	8.39	8.40	8.42	8.46	8.49	8.51	8.53	8.56	8.58	8.61
0.430	8.63	8.65	8.68	8.70	8.73	8.75	8.78	8.80	8.83	8.85
0.440	8.88	8.90	8.93	8.95	8.98	9.01	9.02	9.03	9.05	9.08
0.450	9.14	9.16	9.19	9.22	9.24	9.27	9.30	9.32	9.35	9.38
0.460	9.41	9.43	9.46	9.49	9.52	9.55	9.57	9.60	9.63	9.66
0.470	9.69	9.72	9.75	9.78	9.81	9.84	9.86	9.89	9.92	9.95
0.480	9.98	10.02	10.02	10.08	10.11	10.14	10.17	10.20	10.23	10.26
0.490	10.30	10.33	10.36	10.39	10.42	10.46	10.49	10.52	10.55	10.59
0.500	10.62	10.65	10.69	10.72	10.76	10.79	10.82	10.86	10.89	10.93
0.510	10.96	11.00	11.03	11.07	11.10	11.14	11.18	11.21	11.25	11.29
0.520	11.32	11.36	11.40	11.43	11.47	11.51	11.55	11.59	11.62	11.66
0.530	11.70	11.74	11.78	11.82	11.86	11.90	11.94	11.98	12.02	12.06
0.540	12.10	12.14	12.19	12.23	12.27	12.31	12.35	12.40	12.44	12.48
0.550	12.53	12.57	12.61	12.66	12.70	12.75	12.79	12.84	12.88	12.93
0.560	12.97	13.02	13.06	13.11	13.16	13.21	13.25	13.30	13.35	13.40
0.570	13.45	13.49	13.54	13.59	13.64	13.69	13.74	13.79	13.85	13.90
0.580	13.95	14.00	14.05	14.10	14.16	14.21	14.26	14.32	14.37	14.43
0.590	14.48	14.54	14.59	14.65	14.70	14.76	14.82	14.88	14.93	14.99
0.600	15.05	15.11	15.17	15.23	15.29	15.35	15.41	15.47	15.53	15.59

2. 测试原理

如果把试件近似为线弹性材料，则平面应变条件下裂纹尖端张开位移为

$$\delta_e = \frac{1-\nu^2}{2E\sigma_s}K_I^2 \tag{3-26}$$

反之，如果试件材料是理想塑性的，由平面应变滑移线理论可以证明，用引伸计

测量裂纹嘴张开位移 V_p 与裂纹尖端张开位移 δ_p 满足如下关系

$$\delta_p = \frac{r(w-a)}{r(w-a)+(a+h)}V_p \qquad (3-27)$$

式中 r 称为转动因子。

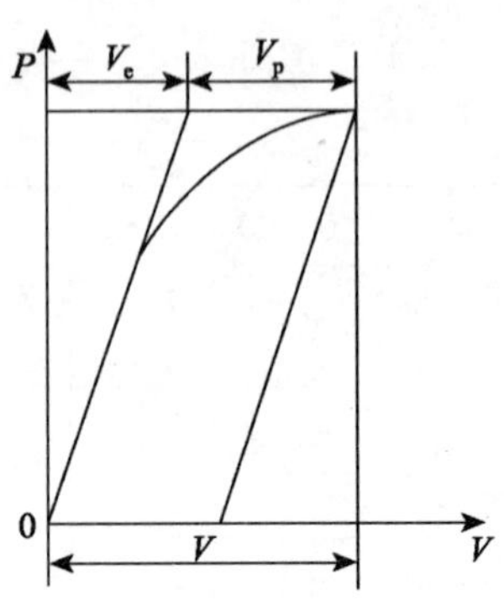

图 3－10　弹塑性材料的 $P-V$ 曲线

对于一般弹塑性材料，既不是线弹性体又不是理想塑性体，其 $P-V$ 曲线有如图 3－10 所示。因此，可以将引伸计测量的裂纹嘴张开位移分解为两部分，即弹性部分 V_e 和塑性部分 V_p

$$V = V_e + V_p \qquad (3-28)$$

其裂纹尖端张开位移也可以看作弹性和塑性两部分叠加，即

$$\delta = \delta_e + \delta_p \qquad (3-29)$$

利用式(3－26)和式(3－27)，可以得到弹塑性材料三点弯曲试件 COD 的计算公式

$$\delta = \frac{1-\nu^2}{2E\sigma_s}K_I^2 + \frac{r(w-a)}{r(w-a)+(a+h)}V_p \qquad (3-30)$$

由式(3－30)可以看出，利用三点弯曲试件，测量 $P-V$ 曲线，确定裂纹起裂时 K_I、转动因子 r 和 V_p，则临界的 δ_c 就能得到。

3. 转动因子 r 的确定

准确得到转动因子 r 是困难的。实验表明，在试件开始被加载时，转动中心靠近裂纹尖端；之后随着载荷的增加，试件裂尖屈服深度加深，转动中心向内移动。只有在韧带全面屈服以后，转动因子值才趋于稳定，如图 3－11 所示。因此，原则上说，确定转动因子需要用实验来标定，但比较费事，一般情况下可粗劣地取为 0.45。

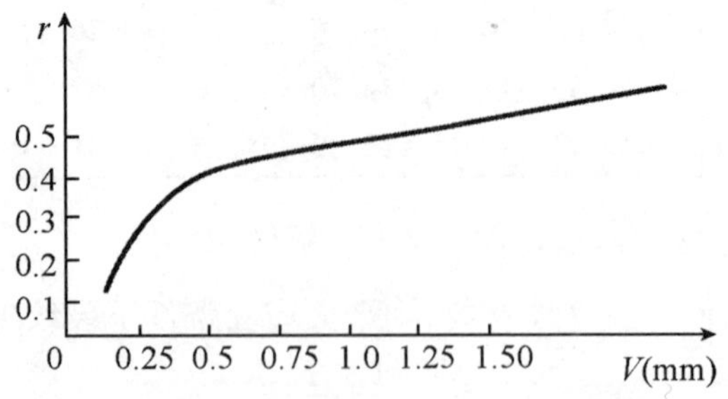

图 3－11　转动因子 r 与 V 的关系

4. 裂纹临界开裂点的确定

临界载荷与三点弯曲实验得到的 $P-V$ 曲线有关。实验表明，$P-V$ 曲线对不同的材料可以分成四种形式，如图 3－12 所示。

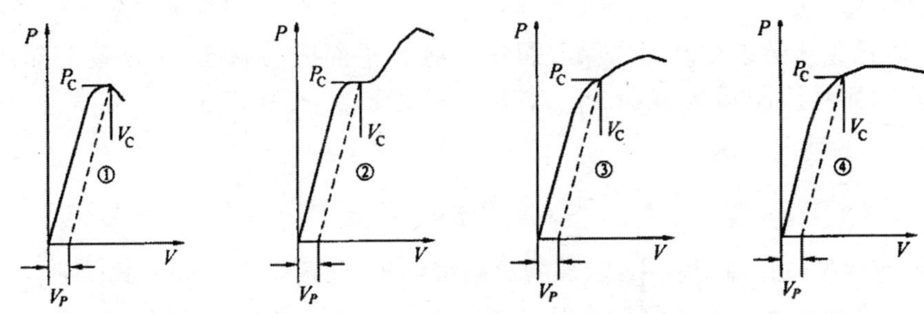

图 3－12　不同材料的 $P-V$ 曲线

(1)随着 P 增大，V 也增大，在试件断裂之前没有发现裂纹有明显的稳态扩展，对于比较脆的材料，多为此种 $P-V$ 曲线。这时快速失稳断裂点即为临界点，它所对应的 P、V 即是临界的 P_c 和 V_c。

(2)在 $P-V$ 曲线上出现一个由于裂纹“突进”而引起的平台，随后载荷继续升高。这时“突进”点即为临界点，相应的 P、V 即是临界的 P_c 和 V_c。

(3)$P-V$ 曲线连续上升，过最高点后，载荷下降，但位移继续增加。

(4)$P-V$ 曲线平滑上升，载荷 P 达到一定程度后基本不变，但位移 V 却在很长一段范围内增加，从而使 $P-V$ 曲线出现很长一段平台。

对于低碳钢等一些具有较大塑性变形能力的材料，$P-V$ 曲线常为(3)、(4)两种情况。这时由于裂纹产生了稳定的亚临界扩展，与临界载荷 P_c 和临界位移 V_c 相对应的临界点，应取为裂纹的开裂点，它不能从 $P-V$ 曲线上直接确定。确定开裂点可采用如下两种方法：

(1)直流电位法和电阻法。在加载试件上同时施加一恒值的稳定电流，用夹式引伸计测量施力点的位移 Δ，同时测量裂纹两侧的电位差 E，从而得到 $E-\Delta$ 曲线，进一步可换算为 $R-\Delta$ 曲线。当裂纹失稳扩展时 E 和 R 会迅速增大，于是根据 $E-\Delta$、$R-\Delta$ 的突变，便可以确定裂纹的开裂点。

(2)声发射法。裂纹受载时产生的声发射会随着裂纹尖端材料从弹性到塑性直至破坏的不同而不同。如果在试件加载时同步地记录下声发射率 s 和位移 Δ，那么从 $s-\Delta$ 曲线的特征上就可以确定出开裂点。

5. 临界 COD 测试步骤与方法

国家标准 GB2358－80“裂纹张开位移(COD)实验方法”中对测试步骤与方

法有明确规定，大致分以下几个步骤：

(1)试件制备。测量临界 COD 采用标准三点弯曲试件。起始切口用直径不超过0.12mm 的钼丝切割，切口长度 $a_0 \leqslant a - 2$ mm。一般每组采用不少于3个试件实验。

(2)预制疲劳裂纹。为了保证裂纹前缘为平面应变状态，施加疲劳裂纹的任何阶段都要控制最大载荷 $P_{f\max}$，使其满足 $K_{f\max} \leqslant 0.63\sigma_s B^{1/2}$ 和 $K_{f\max}/E \leqslant 0.01\text{mm}^{1/2}$ 的情况下满足

$$P_{f\max} \leqslant K_{f\max} B\sqrt{W} \Big/ F(a/W) \tag{3-31}$$

在保证疲劳裂纹控制过程中，随着裂纹前缘的扩展，逐步降低疲劳载荷 $P_{\max}$。

(3)安装位移引伸计测量张开位移，并确定用哪种方法确定开裂点。如果用电位法或电阻法，还应该安装有关直流电测装置。

(4)定出临界点和开裂点求出临界点上的 V_c、Δ_c，并进行定量地标定。选择适当地转动因子 r 值。

(5)裂纹长度及其扩展量的测量。试件断裂后，沿厚度在 0、$\frac{1}{4}B$、$\frac{2}{4}B$、$\frac{3}{4}B$、B 的位置上，用读数显微镜测量 a_i 值，精确到 0.01mm，取中间三个的平均值。

(6)利用上述实验记录结果计算临界的裂纹张开位移 δ_c。

3.3.2 J 积分临界 J_{Ic} 的测试

J 积分是确定裂纹尖端塑性变形应力、应变场强弱程度，因而是判断处在弹塑性状态下的裂纹是否会开裂的重要参数，它主要是用来评价金属材料的断裂韧性。J 积分最早是由 Rice 于 1968 年提出的，它是在塑性全量理论条件下裂纹尖端的一个守恒积分。其直接的物理意义是处在相同条件下裂纹长度相差为单位长度的两个裂纹体的变形功之差。下面对 J_{Ic} 的实验测量方法给予介绍。

1. 测量 J_{Ic} 的基本原理

J 积分的能量率表达式是实验测定 J_{Ic} 的基础。在线弹性横位移加载条件下，J 积分表达式为

$$J = -\frac{1}{B}\left(\frac{\partial U}{\partial a}\right)_{\Delta} \tag{3-32}$$

式中 B 为试件厚度，a 为裂纹长度，U 为试件的应变能，Δ 为加载点的位移。

对于多试件实验，当外形和边界载荷相同，如裂纹长度相差 d_a 时的两个单位厚度试件的能量差率称为J积分，如式(3－32)所示。在线弹性条件下J积分与应力强度因子有关

$$J = G = \frac{K_I^2}{E'} \tag{3-33}$$

其中

$$E' = \begin{cases} E & \text{平面应力} \\ \dfrac{E}{1 - \nu^2} & \text{平面应变} \end{cases}$$

如果确定了临界点 C，根据式(3－33)可以确定临界值 J_{Ic}。

2. 测量 J_{Ic} 对试件尺寸的要求

目前测量 J_{Ic} 通常采用三点弯曲试件。因为J积分的路径无关性只有在小应变全量理论下才能得到严格地证明，故 J_{Ic} 判据的有效性以及有效条件应当用实验核实并加以保证。目前对试件尺寸有以下几点要求：

(1)为了保证裂纹满足平面应变条件下开裂，对试件厚度与韧带比要求

$$\frac{B}{w - a} \geqslant \beta \tag{3-34}$$

一般取 $\beta = 2 \sim 2.5$，至少应不低于1.5。

(2)韧带尺寸 $b = w - a$ 必须足够大，一般取

$$w - a \geqslant \alpha\left(\frac{J_{Ic}}{\sigma_s}\right) \tag{3-35}$$

当 $\alpha = 20 \sim 60$ 时，所得 J_{Ic} 的数据是稳定的，所以 J_{Ic} 测得以后，作为有效性校验的一个条件。为了保证测出的 J_{Ic} 和线弹性的 G_{Ic} 相一致，从而可以由小试件测得的 J_{Ic}，换算得到需要大试件测量的 K_{Ic}。有资料经过实验认为，韧带不能整体屈服，则对韧带尺寸要求为

$$w - a \geqslant r\left(\frac{J_{Ic}}{\sigma_s}\right)^2 \tag{3-36}$$

式中 r 取0.35～0.45。

(3)用单试件测量 J_{Ic} 时，要求用深裂纹，裂纹长度与试件宽度之比满足

$$\frac{a}{w} \geqslant 0.5 \tag{3-37}$$

根据以上几点考虑，用方截面($B = w$)、深裂纹 $\left(\frac{a}{w} \approx 0.6\right)$ 试件最合适，这

种试件同时也能满足平面应变条件

$$\frac{B}{w-a}=\frac{w}{w\left(1-\frac{a}{w}\right)}=2.5 \quad (3-38)$$

(4)预制疲劳裂纹时所加最大载荷 $P_{f\max} \leqslant 0.6P_L$，其中 P_L 为极限载荷，取下列表达式

$$P_L=1.456\frac{B}{S}(w-a)^2\sigma_s \quad (3-39)$$

所加最小载荷 $P_{f\min}=(0.1 \sim 0.2)P_{f\max}$。

疲劳循环周次以3万次完成一个试件的疲劳裂纹的预制为最好。如果在预制中达不到要求，应该调整载荷幅。预制疲劳裂纹与线切割切口的总长度与试件宽度之比为 $a/w=0.45 \sim 0.60$，一般情况下取 $a/w=0.5$。

3. 多试件法测量 J_{Ic} 的步骤

(1)试件准备。用相同材料制成同类型的3~6个尺寸相同、裂纹长度不等的试件(包括预制的疲劳裂纹)，对每个试件进行三点弯曲实验，记录 $P-V$ 曲线，如图3-13(a)所示。由图可以看出，裂纹长度 a_i 不同，试件的柔度不同，在其他实验条件相同的情况下，裂纹越长的试件，$P-V$ 曲线直线部分的斜率越小。

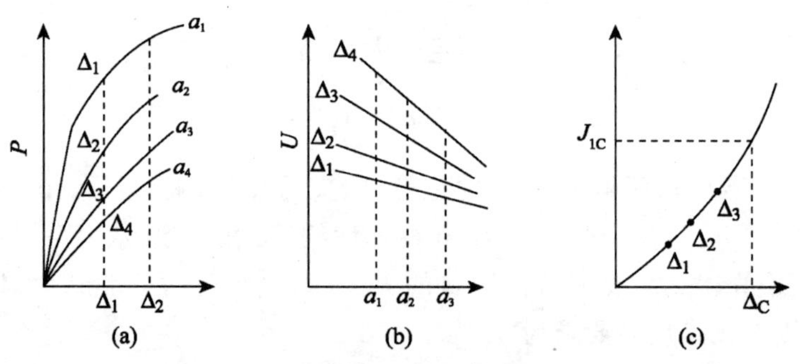

图3-13 多试件 J_{Ic} 测试示意图

(2) 对每一个给定的 $\Delta_i(\Delta_1,\Delta_2,\cdots)$，在 $P-V$ 曲线上，对应每一条 a_i 的曲线下都可计算其面积就是对应该裂纹长度试件，在此位移 Δ_i 下所具有的应变能 $U=\int_0^{\Delta_i}P\mathrm{d}\Delta$（系统在恒位移加载条件下 $U=E=\int_0^{\Delta_i}P\mathrm{d}\Delta$），可以得到图5-13(b)中的 $U-a$ 曲线。

(3) $U-a$ 曲线的斜率为 $\left(\frac{\partial U}{\partial a}\right)_{\Delta i}$，因此可以计算J积分 $J=-\frac{1}{B}\left(\frac{\partial U}{\partial a}\right)_{\Delta i}$（对应 Δ_i 不同，得到以系列 $J_1,J_2,J_3,\cdots$ 画出图5-14(c)的 $J-\Delta$ 曲线。

(4) 借助临界点 C 确定法，确定临界点 C 时加载线上位移 Δ_C，对应的 J 积分值，应为临界值 J_{Ic}。

(5) 测量 J_{Ic} 有效性条件的校核，当实验完成后，应该进行有效性校核。包括：$B\geqslant\beta\left(\frac{J_{Ic}}{\sigma_s}\right)$，$w-a\geqslant t\left(\frac{J_{Ic}}{\sigma_s}\right)$，$\frac{B}{B-a}\geqslant1.4$ 以及裂纹扩展量 $\Delta a\leqslant0.025B$（对应 $B>20$mm 的试件），其中系数 β、t 根据所测材料不同取不同值，具体可查相关手册。只有上述条件均满足，测量得到的 J_{Ic} 才是有效的。

用多试样测量得到 J_{Ic} 工作量很大，在实际中较少应用。

4. 单试件法测量 J_{Ic} 的步骤

用单试样法测量 J_{Ic} 可用以下两种类型的试件，对于短跨距 $\left(\frac{S}{w}=3\sim5\right)$，深裂纹 $\left(\frac{a}{w}\geqslant0.5\right)$，三点弯曲试件其J积分为

$$J=\frac{2U}{B(w-a)}\tag{3-40}$$

对于标准紧凑拉伸试件，其 J 积分为

$$J=\frac{U\left(\frac{a}{w}+2.3\right)}{B(w-a)\left(\frac{a}{w}+0.65\right)}\tag{3-41}$$

(1)试件准备。线切割及疲劳裂纹长度与宽度之比 $\frac{a}{w}\geqslant0.5$。实验记录 $P-V$ 曲线，如用电位（或电阻法）确定临界点，还应记录电位（或电阻）曲线。

(2)在 $P-V$ 曲线上或电位（电阻）曲线上判别开裂点 C。求出开裂点对应的 P_c 和 Δ_c，计算 $P-V$ 曲线下的面积，即应变能 $U=\int_0^{\Delta_c}P\mathrm{d}\Delta$。在积分中应扣除由于压头变形引起的能量部分，求出 U_c。

(3)用读数显微镜由断口测量韧带宽度 $b=w-a$，至少应在三个地方测量，取其平均值，并测量裂纹扩展量 Δa 和裂纹总长度 a。

(4)利用式(3-40)或(3-41)计算临界点时的 J 积分即 J_{Ic}。

(5) J_{Ic} 得到后如多试样一样进行有效性校核。

5. 阻力曲线法确定 J_{Ic}

对于低强度材料测量断裂韧性可用阻力曲线法。在外载作用下,裂纹缓慢扩展过程中,裂纹扩展阻力 J_R 与裂纹扩展量 Δa 的曲线称为 $J_R \sim \Delta a$ 曲线,或 J_R 阻力曲线。在 J_R 阻力曲线上确定临界状态 J_{Ic} 的方法称为阻力曲线法。

J_R 阻力曲线一般由 5 ~8 个裂纹长度大致相等的试件实验而得到。第一个试件加载到略超过最大载荷或迸发载荷后停机、卸载,然后以这个点为参考,继续实验其他试件。每个试件的停机控制在不同的夹式引伸位移以获得不同裂纹长度扩展量,测量试件的 Δa 。计算停机时 J 积分 J_R ,这样由于多个试件,得到多组 J_{R_i} , Δa_i ,在 $J_R - \Delta a$ 直角坐标中,经过回归处理绘出 J_R 阻力曲线图 3 –14 所示,在用回归处理的剩余标准差,作出上下两条平行线的分散带。

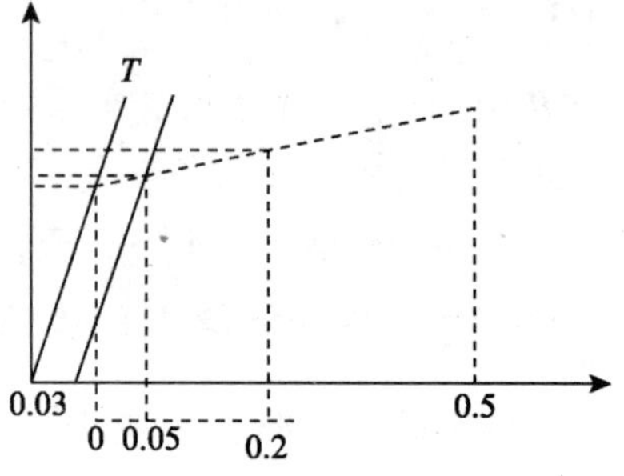

图 3 –14　J_R 阻力曲线

国标 GB2038 –80“利用 J_R 阻力曲线确定金属材料延性断裂韧度的实验方法”中由详细的实验要求。

3.4　基本断裂功法

随着现代信息技术和微电子技术的发展,韧性薄膜得到越来越广泛的应用。图 3 –15 为美国杜邦公司开发的利用聚酰亚胺有机高分子材料制备微电子

图 3 –15　聚酰亚胺薄膜在微电子器件中作为集成电路基体

基膜。研究发现,利用这类柔性高分子材料代替传统的硅基体,可以大大提高制造速度,降低制造成本。而且作为一种柔性基膜,也具有传统半导体硅所不具有的许多优点,例如可实现较大弯曲变形等。

对于这类膜结构,其断裂性能是决定其功能实现的关键力学指标,但现有的断裂性能评价参数对这类高韧性薄膜结构却并不合适。首先,传统断裂韧性的测试标准(包括线弹性断裂参数 K_{Ic} 和弹塑性断裂参数 J 积分和 COD)对试件厚度均有一定要求,即要求裂纹尖端满足平面应变条件,这对于薄膜试件很难满足。其次,线弹性断裂力学主要用于研究脆性或裂纹尖端发生小范围屈服材料的断裂行为,当材料在受载过程中裂纹尖端出现较大范围屈服($r_p \geqslant a$)甚至达到全面屈服时(如绝大多数热塑性聚合物),必须采用弹塑性断裂力学的相关理论和方法。但从实验角度考虑,目前弹塑性断裂力学主要采用 J 积分和裂纹尖端张开位移(COD)两个参数,J 积分和 COD 都要求加载过程中实时测量裂纹张开位移,这对于薄膜实验往往存在一定的难度。

3.4.1 基本断裂功原理

近年来,一种相对较新的用于评价韧性薄膜断裂性能的方法——基本断裂功(essential work of fracture,EWF)法受到了广泛的关注。该方法最早是 Broberg[34] 于 20 世纪 70 年代在脆性断裂的断裂功基础上提出的,用于描述具有有限变形韧性材料的一种方法。根据 Broberg 的思想,韧性材料裂纹尖端由两部分组成:内部直接导致裂纹扩展的断裂区(IFPZ)和外围发生塑性变形的塑性区(OPDZ),如图 3-16(a)所示。于是材料断裂过程中,消耗的总断裂功 W_f(work of fracture)和比总断裂功 w_f 可以写为:

$$W_f = W_e + W_p = w_e BL + w_p \beta BL^2 \tag{3-42}$$

$$w_f = \frac{W_f}{LB} = w_e + \beta w_p L \tag{3-43}$$

式中, W_e 为基本断裂功(essential work of fracture),表示 IFPZ 内导致材料颈缩和后续撕裂所需要的能量,物理上该参数对应于产生新表面所消耗的能量; W_p 为非基本断裂功或塑性功(non-essential work of fracture or plastic work),对应于裂尖外围由于剪切屈服等塑性变形耗散的能量; w_e 为比基本断裂功,即裂纹扩展单位面积所做的功,是一个与试样形状无关的材料性能参数,可表征材料的断裂韧性。对于特定厚度的材料, w_e 被认为是恒定值; βw_p 为比非基本断裂功或塑性耗散功,其中 w_p 表示材料塑性变形能力,为材料参数,系数 β 为一无量纲参数,表示塑性区形状。B、L[图 3-16(a)]分别表示样品韧带区的厚度和长度。

对于不同试样结构(如断裂实验广泛采用的双边对称预制裂纹和单边预制裂纹),由于裂纹前端塑性区形状不同,β 取不同值。因此,比非基本断裂功 βw_p 是一与试件形状相关的参数。

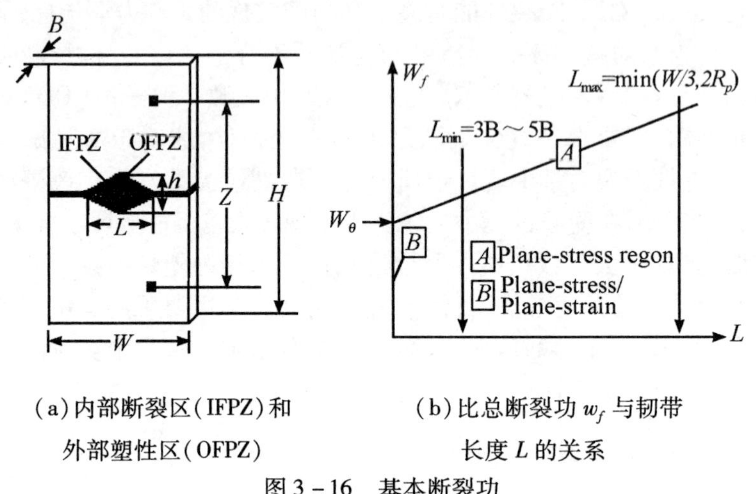

(a)内部断裂区(IFPZ)和外部塑性区(OFPZ)

(b)比总断裂功 w_f 与韧带长度 L 的关系

图 3-16 基本断裂功

根据式(3-43),w_f 与韧带长度 L 具有线性关系。其与 Y 轴的交点对应于比基本断裂功 w_e,斜率对应于 βw_p。这样,通过预制不同韧带长度 L 的样品,实验可得到每种情况下的 W_f 值(载荷-位移所包含的面积),利用(3-43)式,可拟合得到 w_f-L 线性关系,就能最终得到材料的比基本断裂功和比非基本断裂功。

基本断裂功方法之所以能得到迅速发展,不仅因为其实验相对简单(只需测量样品的初始韧带长度,而避免如J积分那样实验过程中实时记录裂纹张开位移),更为重要的是理论上已证明比基本断裂功与J积分具有等价关系,相关理论推导参见文献[35]。

用于基本断裂功实验的样品,一般采用双边或单边预制裂纹法,但由于双边对称预制裂纹时样品几何结构具有对称性,加载过程中韧带区处于简单应力状态,所以得到更广泛的应用。当采用双边预制裂纹时[DENT,参见图 3-16(a)],为了保证实验结果的有效性,一般认为韧带长度 L 应满足以下条件[10]:

$$3B \sim 5B \leqslant L \leqslant \min\left(\frac{W}{3}, 2R_p\right) \tag{3-44}$$

式中,B 为样品厚度,W 为样品宽度,R_p 为裂尖塑性区半径。在式(3-44)中,$L \leqslant 2R_p$ 是为了确保裂纹扩展前韧带区完全屈服,$L \leqslant W/3$ 是为了保证塑性区不受样品边缘效应的影响，$L \geqslant 3B \sim 5B$ 是为了确保韧带区满足纯平面应力状态［参见图3－16(b)］。

由于基本断裂功法对试样尺寸的要求没有J积分严格，能测试其他方法没办法测试的薄膜结构断裂韧性，物理意义也很明确，是目前表征聚合物韧性的较好方法。随着韧性薄膜在工程结构中得到广泛应用，该方法作为评价韧性薄膜材料断裂韧性的有效方法得到广泛的应用[37,38]，并且已经成功地用于表征多种韧性聚合物的断裂性能，欧洲结构统一协会（European Structural Integrity Society，ESIS）为此制定了相关测试标准[35]。许多研究者从试样形状和试样尺寸及实验条件等方面对基本断裂功方法也进行了较为详细地研究和讨论。

3.4.2 测试影响因素

1. 试样几何形状对EWF结果的影响

目前，用于聚合物薄膜EWF参数测试的试样结构，通常采用双边对称缺口拉伸(DENT)和单边缺口拉伸(single-edge notched specimen，SENT)。Y. W. Mai等人[39,40]用DENT与SENT试样对Nylon 66、高分子量及超高分子量聚乙烯等柔性聚合物断裂韧性进行了研究。实验结果表明，两种试件结构所测得的比基本断裂功 w_e 值都非常接近，而 βw_p 侧表现出无规律变化。然而，用SENT拉伸试件有些问题：首先，裂纹扩展时SENT试件会发生旋转，而不像DENT试件两边对称，于是用于断裂分析的有效数据范围就会被限制[41]；其次，DENT和SENT试件韧带的应力状态是不同的。S. Hashemi[42,43]用DENT与SENT试样分别对PBT/PC混合物薄膜和PBT薄膜的断裂行为进行了研究，实验结果表明，两种试样的比基本断裂功 w_e 结果基本一致，而SENT试样的 βw_p 要比DENT的大一些。大量的研究证明，尽管这两种试样的形状差异较大，但对 w_e 几乎没有什么影响，通常认为比基本断裂功 w_e 是不依赖于试样形状的。

2. 试样尺寸对EWF结果的影响

对于试样长度，S. Hashemi[42]用SENT试样分别对宽度为50mm、厚度为0.175mm和不同长度(20mm，50mm，100mm)和不同长度(50mm，100mm，150mm)的PBT/PC混合物薄膜进行了研究，研究结果表明，试样长度对 w_e 几乎没有影响，而 βw_p 值则随试样长度的缩小而增加。M. L. Maspoch等人[44]用厚度为0.1mm、宽度为60mm、加载速度为2mm/min的DENT试样对iPP薄膜不同试样长度(20～150mm)的断裂性能进行了研究，实验结果显示，w_e 与 βw_p 都基本保持不变。C. Y. EMMA和Y. W. Mai等[45]对PETG薄膜和A. Arkhireyeva[46]等人对 PET 薄膜的断裂韧性研究中，都发现同种材料不同韧带长度所得 w_e 结果基本一致。但试样长度太短或是太长都不好。试件太短，试验机的压头接近断裂区域，影响试样的塑性变形；太长，在拉伸过程中，试件平面可能会起伏波动，载荷－位移曲线向右斜，曲线斜率减小，但最大载荷和吸收的能量没有变化，说明较长的试样在拉伸过程中开始储存较多的弹性能，后来弹性能释放出来用于裂纹的扩展。

对于试样宽度，普遍认为在试样受力状态不改变的条件下，改变宽度 W 值，对 w_e 与 βw_p 都没有什么影响。S. Hashemi[42] 对不同厚度的 PBT/PC 混合物的 SENT 研究结果及 M. L. Maspoch 等人[47] 用 DENT 对不同厚度的 iPP 的研究结果都证明了这一点。

而试件厚度对 EWF 参数测试结果具有重要影响，这是因为它可以使试样产生不同的受力状态，即在平面应力状态和平面应变状态之间改变。对一定的韧带长度，减小厚度，可使试样从平面应力状态转变为平面应力和平面应变的混合状态；当厚度足够大时，可使试样从平面应力状态转变为纯的平面应力状态，如图 3－17 所示。

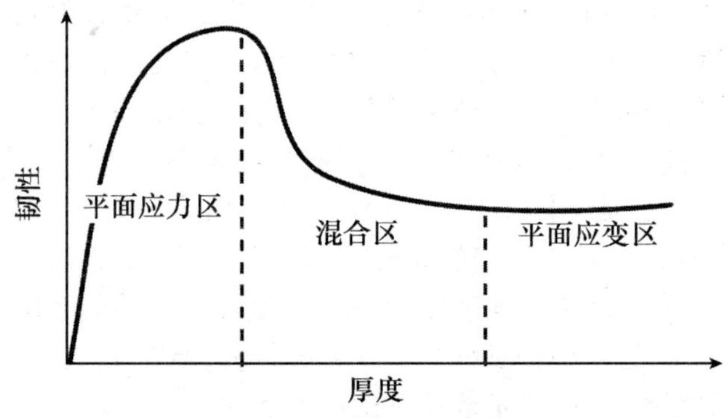

图 3－17　厚度对试样应力状态的影响

但目前研究者关于试样厚度对 EWF 的影响得出了颇为不同的结果。一些实验结果认为对 w_e 没有影响。如 M. L. Maspoch 等[47]用 DENT 试样对不同厚度（50μm，75μm，250 μm）BOPET 薄膜进行的研究表明，厚度对 w_e 的值几乎没有影响，而 βw_p 则随着厚度的增加而增加。S. Hashemi[42,43]用 SENT 和 DENT 试样分别对不同厚度（0. 125mm，0. 175mm，0. 275mm，0. 375mm，0. 5mm）的 PBT 和 PBT/PC 混合物薄膜进行的研究表明：w_e 与厚度无关；而对 PBT 薄膜，βw_p 随着厚度的增加而减小，对 PBT/PC 混合物，βw_p 值则随试样厚度的增加而增加。

J. K. Kocsis 等[48]人用 DENT 试件对不同厚度(0.5mm,3mm,6mm)的无定形 COP 薄膜进行了研究,结果显示,厚度对 w_e 几乎没影响,而 βw_p 随着厚度增大而增大。另一些研究则显示 w_e 与厚度有关。如 M. L. Maspoch 等人[44]用 DENT 试样对不同厚度(0.038mm,0.1mm,0.5mm,1.0mm,2.5mm)iPP 薄膜进行的研究显示:w_e 随着厚度的增加而减小,而 βw_p 则基本保持不变。S. Hashemi[49]用 SENT 样品对不同厚度(0.175mm,0.25mm,0.375mm,0.52mm)聚碳酸酯薄膜进行的研究也表明,w_e 随厚度增加而增加,而 βw_p 是在 0.175mm 时比在其他三个厚度时都大,在 0.25mm,0.375mm,0.52mm 时,βw_p 值是相似的,并说明对于所研究的薄膜,在 0.175mm 时虽有比较大的 βw_p 值,但并不是因为同其他厚度有一个不同的塑性区造成的。

总之,对不同性质的材料而言,试样厚度是否会显著地影响 EWF 测试结果,是在结果分析中值得注意且需要进行深入研究的问题。

3. 考虑测试条件对 EWF 结果的影响

从目前的研究结果来看,在一定的拉伸速度范围内,比基本断裂功 w_e 应是与速度无关的参数,而 βw_p 则是与速度有关的参数。J. K. Kocsis 等[50,51]人在不同加载速度(1~100mm/min)下对无定形共聚多酯薄膜的断裂性能进行了研究,A. Arkhireyeva 等[46]人在加载速度为 2~50mm/min 条件下对 PET 薄膜的断裂性能进行了研究,S. Hashemi[42]在加载速度为 2~50mm/min 条件下对 PBT/PC 混合物薄膜的断裂性能进行了研究,结果都发现加载速度对 w_e 几乎没有影响,而 βw_p 则随加载速度的增加而有所增加,其中 J. K. Kocsis 的研究还发现加载速率为 1,10 和 100mm/min 时,温度分别升高了 4℃、7℃和 15℃,这也间接说明 βw_p 发生变化的原因。M. L. Maspoch 等[44]人在拉伸速度为 2~100mm/min 条件下对均聚丙烯 iPP 的断裂韧性的研究发现,w_e 与 βw_p 都随着加载速度的增加有轻微的减小,并说明 EWF 参数的减小可能仅仅是由于实验误差所致。而 S. Hashemi[52]对加载速度在 2~50mm/min 的 PBT 研究结果却表明,w_e 随着加载速度增加而增大,βw_p 则随加载速度增加而减小。

4. 考虑温度对 EWF 结果的影响

测试温度对 EWF 实验结果的影响,对不同的材料而言有不同的实验结果。A. Arkhireyeva 等[46]在对 PET 薄膜的研究中发现,在玻璃化转变温度(T_g)以下,w_e 几乎没有什么变化;在 T_g 以上时,w_e 随温度升高而增加,在约 120℃出现最大值;再继续升高温度,w_e 反而下降;βw_p 则只是在 T_g 时出现最大值,而在其他温度下都降低。S. Hashemi[53]在对 PBT 薄膜的研究中发现,温度在 T_g 以下时，w_e 几乎没有变化，而温度高于 T_g 时，w_e 减小；βw_p 也只是接近 T_g 时出现最大值。S. Hashemi[54,55]在对 PEEK 薄膜和无定形 PEEK 薄膜的研究也都发现，温度低于 T_g 时，w_e 减少，但不超过 10%；βw_p 则随温度升高而增加，在 T_g 时出现明显的下降。D. F. Balas 和 M. L. Maspoch 等[44]人在研究 iPP 薄膜时发现温度对塑性区尺寸有一定的影响，但柔性较高的聚合物 DENT 试样在高温下出现了颈缩现象而没有断裂扩展，无法得到可靠的结果。

以上是研究人员从不同角度对 EWF 参数结果的影响进行的研究，其中 Jozsef 等[50]人还把 w_e 分成 $w_{e,y}$ 和 $w_{e,n}$，把 w_p 分成 $w_{p,y}$ 和 $w_{p,n}$ 进行研究，发现 $w_{e,y}$，$w_{e,n}$ 与试样尺寸、测试条件等的关系和 w_e 与试样尺寸、测试条件等的关系相同，$w_{p,y}$，$w_{p,n}$ 也与 w_p 相同。而且 Jozsef 等[51]对 aCOP 薄膜、PBT 薄膜和 PETG 薄膜进行了研究，实验结果表明塑性区形状都是接近于菱形或椭圆形，β 随着加载速度的增加而增加，亦随厚度增加而增加。

以上都是针对Ⅰ型裂纹，不同学者从不同角度对 EWF 方法进行了研究。而对于Ⅰ－Ⅱ复合型裂纹的研究，B. Cotterell 和 Y. W. Mai[56]用双边交错缺口拉伸试样对 Lyten 薄膜进行了研究，分别考虑偏斜角 θ 为 0°（即纯Ⅰ型裂纹），18°，36°，54°，72°，90°（即纯Ⅱ型裂纹）时对 EWF 参数结果的影响。研究发现，θ 对 w_e 并无影响，而 βw_p 则随 θ 的增大而增大。Y. W. Mai[57]的研究发现，对 TRLCS 薄膜，θ 为 0°，15°，30°，45°的实验结果，w_e 与 θ 无关，βw_p 随 θ 的增大而增大；而对 B1200－H14 和 5251 薄膜的实验结果却显示，w_e 与 θ 有关，随 θ 的增大，先增大，后减小；βw_p 依然随 θ 的增大而增大。除此之外，用 EWF 对含Ⅰ－Ⅱ复合型裂纹的研究却鲜有报道。

不仅如此，对于 EWF 参数和 J 积分之间的关系，也有许多研究和报道。相关理论推导和实验结果都表明，Ⅰ型和Ⅰ－Ⅱ复合型的比基本断裂功 w_e 都等价于相应模型的临界 J 积分值，简单介绍如下。

对于Ⅰ型裂纹，如图 3－18 所示，消耗在这个扩展区的比基本断裂功包括两部分：一是形成颈缩所消耗的功（w_{e1}），二是拉断颈缩所消耗的功（w_{e2}）。于是，Ⅰ型裂纹的比基本断裂功可以表示为：

$$w_{Ie} = w_{e1} + w_{e2} = d\int_0^{\bar{\varepsilon}_n} \bar{\sigma} \mathrm{d} \bar{\varepsilon} + \int_{\varepsilon_n d}^{\delta_c} \sigma(\delta) \mathrm{d}\delta \qquad (3-45)$$

式中，长度为 ρ_c，d 是扩展区宽度，$\bar{\sigma}$ 和 $\bar{\varepsilon}$ 分别是真实的应力、应变，$\bar{\varepsilon}_n$ 和 ε_n 分别是真实缩颈应变和工程颈缩应变，σ 和 δ 分别是断裂扩展区的应力和裂尖张开位移。

由于 J 积分的值与路径 S 的选取无关，所以可选裂尖断裂扩展区的边界为

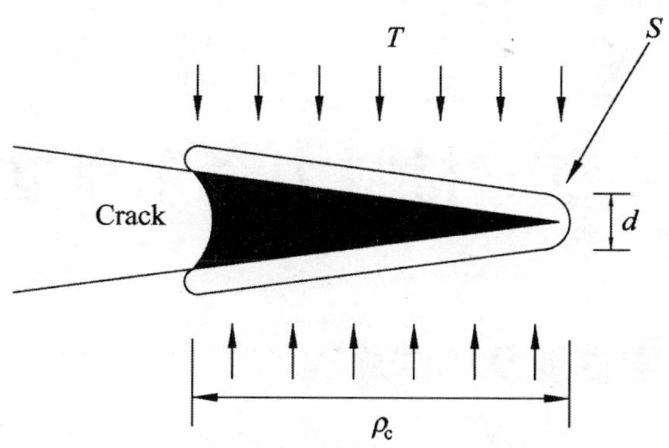

图 3－18　Ⅰ型裂纹尖端的完全断裂扩展区

路径 S（如图 3－18 所示）。这样，J 积分的第一项可以表示为：

$$\int W\mathrm{d}y = \int_0^{\bar{\varepsilon}_n} \bar{\sigma}\mathrm{d}\,\bar{\varepsilon}\int_0^d \mathrm{d}y = d\int_0^{\bar{\varepsilon}_n} \bar{\sigma}\mathrm{d}\,\bar{\varepsilon} \tag{3-46}$$

而通过断裂过程区时，T 变成应力 $\sigma(\delta)$ 的函数，于是，J 积分的第二项可写成：

$$-T_j \frac{\partial u_j}{\partial x}\mathrm{d}s = \int_{\varepsilon_n d}^{\delta_c} \sigma(\delta)\mathrm{d}\delta \tag{3-47}$$

从而，临界 J 积分可以表示为：

$$J_{IC} = d\int_0^{\bar{\varepsilon}_n} \bar{\sigma}\mathrm{d}\,\bar{\varepsilon} + \int_{\varepsilon_n d}^{\delta_c} \sigma(\delta)\mathrm{d}\delta \tag{3-48}$$

因此，可知：

$$w_{Ie} = J_{IC} \tag{3-49}$$

相似的方法可以得到Ⅰ－Ⅱ复合型裂纹的比基本断裂功 w_{Me} 和它的临界 J 积分值 J_{IC} 也是等价的，即：

$$w_{Me} = J_{IC} \tag{3-50}$$

由于 EWF 方法仍是一种较新的方法，对不同聚合物材料的应用特点还有待具体详细的考证和改进完善，对聚合物材料的不同结构特征与不同断裂行为特征之间的关系和规律等的研究还很不全面。如何更好地运用 EWF 方法表征和研究材料结构与其断裂破坏行为及过程，更好地将其推广并制定相应的测试标准，还需要做大量的基础工作。

第4章　材料力学基础实验

4.1　材料力学性能及测试原理

材料的使用性能包括物理、化学、力学等性能。对于用于工程中作为构件和零件的结构材料,人们最关心的是它的力学性能。力学性能也称为机械性能。任何材料受力后都要产生变形,变形到一定程度即发生断裂。这种在外载作用下材料所表现的变形与断裂的行为叫力学行为,它是由材料内部的物质结构决定的,是材料固有的属性。同时,环境如温度、介质和加载速率对于材料的力学行为有很大的影响。因此材料的力学行为是外加载荷与环境因素共同作用的结果。材料力学性能是材料抵抗外加载荷引起的变形和断裂的能力。

材料的力学性能通过材料的强度、刚度、硬度、塑性、韧性等方面来反映。定量描述这些性能的是力学性能指标。力学性能指标包括屈服强度、抗拉强度、延伸率、截面收缩率、冲击韧性、疲劳极限、断裂韧性等。这些力学性能指标是通过一系列实验测定的。实验包括静载荷实验、循环载荷实验、冲击载荷实验以及裂纹扩展实验。其中静载荷拉伸实验是测定大部分材料常用力学性能指标的通用办法。力学指标的测定要依据统一的规定和方法进行,这就是国家标准。比如国家标准 GB228－87 是金属材料拉伸实验标准。依据这个标准,可以测定金属的屈服强度、抗拉强度、延伸率、截面收缩率等力学性能指标。其他材料如高分子材料、陶瓷材料及复合材料力学性能也应采用各自的国家标准进行测定。

拉伸实验的条件是常温、静荷、轴向加载,即拉伸实验是在室温下以均匀缓慢的速度对被测试样施加轴向载荷的实验。实验一般在材料试验机上进行。拉伸试样应依据国家标准制作。进行单向拉实验时,外力必须通过试样轴线以确保材料处于单向拉应力状态。试验机的夹具、万向联轴节和按标准加工的试样以及准确地对试样的夹持保证了试样测量部分各点受力相等且为单向受拉状态。试样所受到的载荷通过载荷传感器检测出来,试样由于受外力作用产生的变形可以借助横梁位移反映出来,也可以通过安装在试样上的引伸计准确地检测出来。但横梁位移反映的是试样的变形和试验机传动结构受力变形两部分之和,其值往往远大于单纯试样的变形量，尤其在测量金属弹性变形段时二者相差很大。

拉伸曲线即 $P-\Delta L$ 曲线是观察材料的拉伸过程、描述材料的力学性能最好的办法。曲线的纵坐标为载荷 P，单位是 N 或 KN，横坐标为试样伸长 ΔL，单位是 mm。$P-\Delta L$ 曲线形象地体现了材料变形过程以及各阶段受力和变形的关系，但是 $P-\Delta L$ 曲线的定量关系不仅取决于材质而且受试样几何尺寸的影响。因此，$P-\Delta L$ 曲线常常转化为名义应力、名义应变曲线即 $\sigma-\varepsilon$ 曲线（如图 4－1 所示），即

$$\sigma = \frac{P}{A_0}, \qquad \varepsilon = \frac{\Delta L}{L_0} \tag{4-1}$$

式中 A_0 和 L_0 分别代表试样初始条件下的面积和标距。试样受到的载荷除以试样原始面积就得到了名义应力，也叫工程应力，用 σ 表示，单位为 MPa。同样，试样在标距内的伸长除以试样的原始标距得到名义应变用 ε 表示，也叫工程应变。$\sigma-\varepsilon$ 曲线与 $P-\Delta L$ 曲线形状相似，但消除了几何尺寸的影响，因此代表了材料属性。

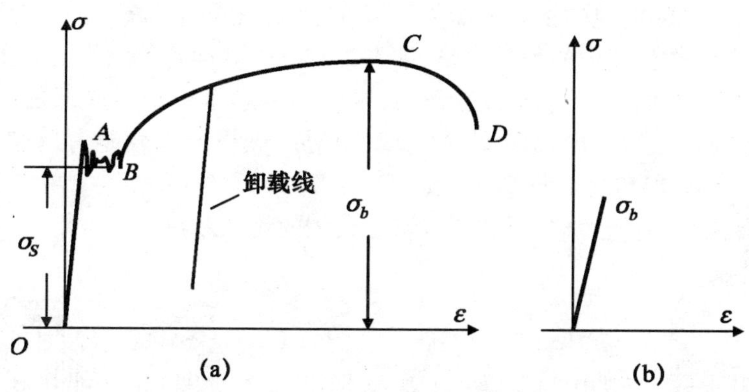

图 4－1　低碳钢和铸铁的应力－应变曲线

4.1.1　金属材料的力学性能及测定方法

1. 应力－应变曲线

金属是主要的结构材料，在工程实际中应用极为广泛。作为结构用的金属材料主要包括碳钢、合金钢、铸铁和有色金属合金。根据材料变形特点，可以将金属分为塑性材料和脆性材料两类。图 4－1 的两个曲线分别为低碳钢和铸铁的应力－应变曲线。可以看出，两种材料的拉伸过程差别很大，它们分别是塑性

材料和脆性材料的典型代表。从图 4－1(a)所示的应力－应变曲线可以看出，低碳钢的拉伸过程明显分为四个阶段：

(1)弹性阶段(OA)。试样的变形是弹性的。在这个范围内卸载,试样仍恢复原来的尺寸,没有任何残余变形,其应力与应变成直线比例关系。

(2)屈服阶段(AB)。在试样继续变形的情况下,载荷却不再增加,或呈下降,甚至反复多次下降,使曲线变成锯齿状,这种现象称为屈服。从 A 点开始,力与变形不再满足线性关系,材料的变形包含弹性和塑性两部分。如果试样表面光滑、材料杂质含量少,可以看到表面有 45°方向的滑移线。

(3)强化阶段(BC)。过了屈服阶段 B 点,力又开始增加,曲线又开始上升,表明材料要继续变形,载荷就必须要不断增加。这说明金属有一种阻止塑性变形的抗力,这种抗力被称为形变强化。如果在这个阶段卸载,弹性变形将随之消失,而塑性变形将永远保留下来,其卸载路径与弹性阶段平行。卸载后若重新加载,加载线仍与弹性阶段平行,并且重新加载后不再出现屈服现象,而材料的弹性阶段加长、屈服应力明显提高,这种现象称作应变硬化或加工硬化。随着载荷的继续加大,拉伸曲线的上升将渐趋平缓,C 点是曲线的最高点。在此阶段试样变形是整个工作长度内的均匀变形,即在试样各处截面均匀缩小。

(4)颈缩阶段(CD)。从 C 点开始,试样的变形集中于某局部截面,即塑性变形开始在局部进行,出现所谓的“颈缩”现象,试样的承载能力迅速下降。最后在 D 点断裂,形成杯状断口,如图 4－2(b)(c)(d)(e)(f)。断口的周边为 45°剪切唇,断口组织为暗灰色纤维状,是典型的韧状断口。

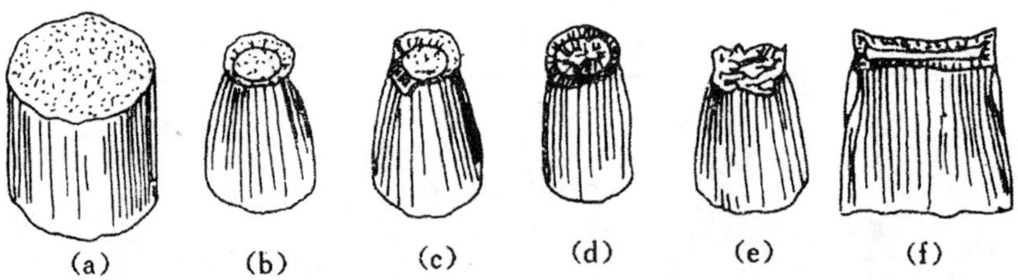

图 4－2　金属典型材料拉伸破坏断口

铸铁是典型的脆性材料,如图 4－1(b)所示,铸铁的拉伸过程比较简单,可近似认为是经弹性阶段直接过渡到断裂。其破坏断口[图 4－2(a)]沿横截面方向,与加载方向垂直。断面平齐为闪光的结晶状组织,是一种典型的脆状断口。

大部分金属是塑性材料,在外力作用下都经历弹性变形、弹塑性变形和断裂三个过程。多数材料在弹性阶段以后没有明显的物理屈服现象,从弹性变形到弹塑性变形是逐渐变化的过程。其拉伸曲线的形状(图4-3)介于低碳钢和铸铁之间,常常只有两个或三个阶段。

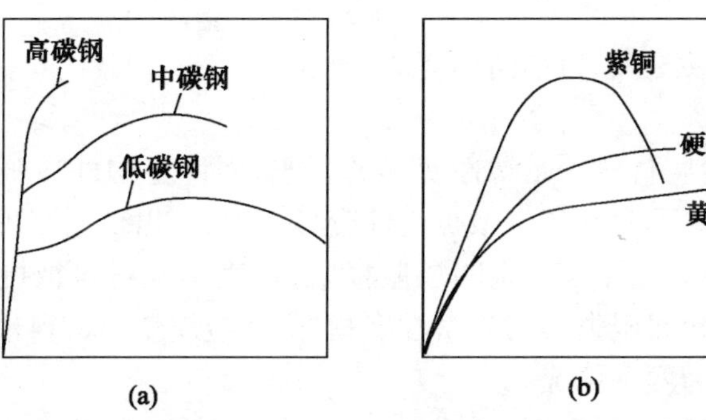

图4-3　几种金属材料的拉伸曲线

2. 力学性能指标

通过拉伸实验可以确定的金属力学性能指标有刚度指标、强度指标和塑性指标。刚度指标即代表材料对弹性变形的抗力,一般用弹性模量来表示;强度指标是反映材料抵抗塑性变形和断裂的抗力,分别用屈服强度和极限强度表示;塑性指标是反映材料塑性变形的能力,用截面收缩率和断后伸长率表示。

(1)弹性模量

单向拉伸时大多数材料在弹性范围内服从虎克定律,应力和应变成正比关系,即

$$\sigma = E\varepsilon \tag{4-2}$$

比例系数 E 称作弹性模量,其常用单位为GPa或MPa。在 $\sigma-\varepsilon$ 曲线上,E 是弹性阶段直线的斜率,代表材料抵抗弹性变形的能力。E 越大,产生一定弹性变形所需的应力越大,弹性变形越困难。当构件形状与尺寸一定时,它们的刚度即决定于材料的弹性模量。弹性模量是度量材料刚度的系数,可以表征材料抵抗弹性变形的能力,是反映材料刚度的一个性能指标。材料的弹性模量 E 是弹性元件选材的重要依据,是力学计算的一个重要参量。

通过拉伸实验测定材料的弹性模量 E 就是测定线弹性阶段应力-应变曲线的斜率。由于在弹性阶段试样的变形非常小,需采用精度较高的方法测定。常用的方法是在试样上粘贴电阻应变片或在标距范围内安装引伸计测量试样的轴向变形。

弹性模量是材料的一个弹性常数。在拉伸实验时还可以测定另一个弹性常数泊松比。在受到轴向载荷作用时,试样在产生轴向伸长的同时,必然引起横向

收缩。横向应变与轴向应变之比即为泊松比,用 μ 表示

$$\mu = \left|\frac{\varepsilon_{横}}{\varepsilon_{轴}}\right| \tag{4-3}$$

式中 $\varepsilon_{横}$ 为横向应变, $\varepsilon_{轴}$ 为轴向应变。

(2)屈服强度

屈服现象是金属材料开始塑性变形的标志,而许多构件在服役过程中都是处在弹性变形状态,不允许产生微量塑性变形。因此,出现屈服现象标志着产生过量塑性变形失效。屈服强度也叫屈服极限,代表塑性材料抵抗微量塑性变形的抗力,是衡量材料屈服失效的力学性能指标,是金属塑性材料最重要的强度指标,其测定方法分为两种情况。

一种是有明显物理屈服现象的材料如退火低碳钢,是以屈服平台的下屈服点作为材料的屈服强度,用 σ_S 表示。这种测定屈服强度的方法比较简单,测量手段要求不高。如果实验用的材料试验机可以记录载荷和活动横梁移动位移的关系曲线,那么直接在曲线图上确定屈服强度,如图 4-1(a)所示。如果不具备记录曲线的条件,则在加载过程中出现屈服现象时读测力盘上指针显示的载荷读数。

另一种是没有屈服平台的材料如黄铜和铝合金,由于没有明显的屈服阶段,这类材料的屈服强度只能用规定塑性变形量的方法来测定。工程设计中常以产生0.2% 塑性应变时的应力定义为材料的屈服强度,一般称作条件屈服强度,用 $\sigma_{0.2}$来表示。$\sigma_{0.2}$通常用图解法测定,具体方法如图 4-4 所示,在应力-应变曲线的图纸上过 X 轴即应变轴的 0.2% 的位置作弹性阶段直线的平行线,平行线与曲线的交点即为 $\sigma_{0.2}$。

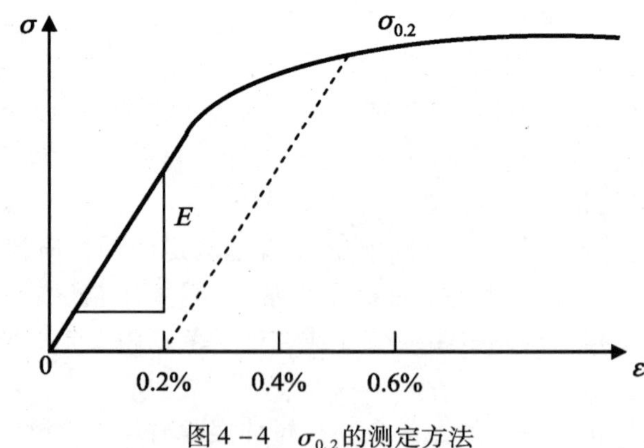

图 4-4 $\sigma_{0.2}$的测定方法

(3)抗拉强度

拉伸曲线的最高点代表材料的最大承载能力被称为材料的抗拉强度,也叫强度极限,用 σ_b 表示。对于形成颈缩的塑性材料，抗拉强度代表产生最大均匀塑性变形的抗力,对于脆性材料和不形成颈缩的塑性材料,其抗拉强度代表断裂的抗力。抗拉强度很容易测定,并且重现性好,是作为评定材质和评价产品质量的常规力学性能指标之一。

(4)塑性指标

材料发生塑性变形的能力叫塑性。塑性的大小用塑性指标表示,它包括断后伸长率和断面收缩率。这两个塑性指标分别从两个侧面即从试件长度的变化和从试样截面的变化反映材料的塑性变形程度。断后伸长率用 δ 表示,断面收缩率用 ψ 表示,定义分别用下列公式表示

$$\delta = \frac{L_1 - L_0}{L_0}, \quad \psi = \frac{A_0 - A_1}{A_0} \tag{4-4}$$

式中 L_0,A_0 分别代表试样的原始标距长度和原始横截面积;L_1,A_1 为试样拉断后的标距长度和断口面积。如果断口位置在标距线之外,则实验无效。如断口在标距内,但靠近标距线则需用断口补偿法计算断后伸长率(方法略)。对于国家标准规定的两种比例试样,断后伸长率采用不同的下标表示。短试样用 δ_5 表示,长试样用 δ_{10}表示。工程上通常认为,材料的断后伸长率 $\delta > 5\%$ 属于韧断;而 $\delta < 5\%$ 属于脆断。

3. 拉伸试样要求

金属材料的拉伸试样应按国家标准 GB6397—86 的规定制备。通常试样有圆截面和矩形截面两种。图 4－5 为圆截面试样的示意图。一般的拉伸试样由三部分组成,即工作部分、过渡部分和夹持部分。工作部分必须保持光滑均匀以确保单向应力状态。L_C 称为试样的平行长度,L_0 称作试样的原始标距。圆试样的 L_C 应不小于 $L_0 + d_0$;板试样的 L_C 不小于 $L_0 + b_0$。拉伸试样分为比例试样和定标距试样。比例试样的标距与试样原始截面积的关系规定为

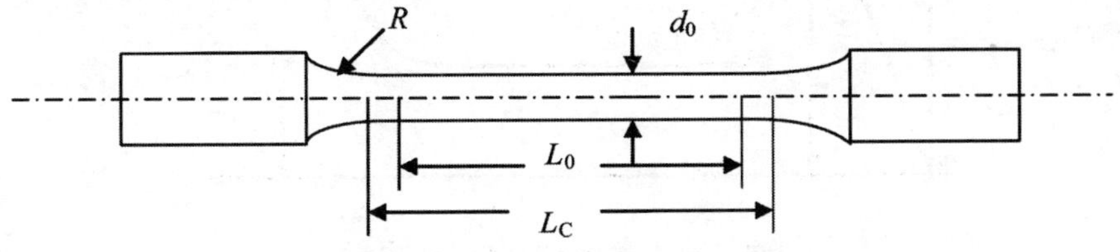

图 4－5　圆截面金属拉伸试样示意图

$$L_0 = 5.65\sqrt{A_0} \quad 或 \quad L_0 = 11.3\sqrt{A_0} \tag{4-5}$$

式中系数取为5.65时称为短试样,取为11.3时称为长试样。如果是圆试样,那么当试样标距与试样直径的比为5,即 $L_0 = 5d_0$ 时称为短试样,$L_0 = 10d_0$ 时称为长试样。国家标准推荐使用短比例试样。

试样的过渡部分必须有适当的抬肩和圆角,以降低应力集中,保证该处不会断裂。试样两端的夹持部分用以传递载荷,其形状和尺寸与所用试验机的夹具结构有关,如试样采用图4-5的形式,则试样夹持部分的长度不应小于夹具长度的2/3。

4.1.2 非金属材料的力学性能及测定方法

除了金属材料以外,各种非金属材料比如高分子材料、陶瓷材料和复合材料大量用于工程实际中。每种材料都有特殊的性能,在力学性能以及测试方法上与金属材料存在很大差别。

1. 高分子材料

高分子材料也称为聚合物,其绝缘性好、耐磨、耐腐蚀,易于加工成型。在力学性能方面,它的高弹性、黏弹性和其力学性能对时间与温度强烈的依赖关系,是这类材料与金属材料显著的差别。高分子材料可以分为工程塑料、橡胶和合成纤维三大类,其中工程塑料可作为工程结构材料使用。工程塑料是热塑性材料和热固性材料总称。按力学性能可分为两类,一类是塑性很好,延伸率可达百分之几十~几百,一部分热塑性材料属于这种情况;另一类是比较脆,其拉伸过程简单,拉伸曲线与铸铁类似,热固性材料都属于这种情况。第一类材料如图4-6所示,其拉伸曲线可分为几个阶段。拉伸的最初阶段力与变形满足线性关系,然后进入强迫高弹变形阶段直到 A 点。从 A 点开始在试样的某一个截面

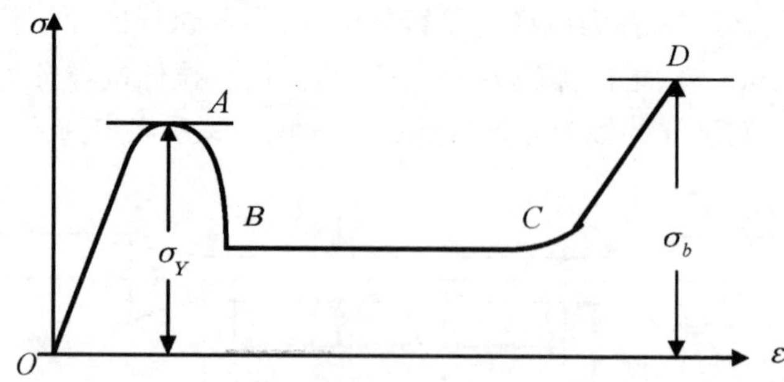

图4-6 高分子材料拉伸曲线

发生屈服,截面迅速变小产生颈缩,承载能力下降。达到 B 点时,此截面的分子链沿受力方向被拉伸并定向分布,使颈缩区强度、刚度增加。此后应力保持一个恒定值,颈缩向两边发展,一直到整个试样长度,在拉伸曲线上形成水平线直到 C 点。试样均匀部分全部颈缩后,整体强度、刚度提高,继续变形只有增加外力,形成上升的曲线,直到 D 点断裂。A 点定义为高分子材料的屈服强度 σ_Y。D 点定义为材料的抗拉强度 σ_b。如果试样提前断裂,即由于试样的内部缺陷在 B 点和 C 点之间断裂,则断裂点应力值为断裂强度 σ_K。

因为这种材料在断裂后断口无法对拢,无法准确测量材料的断后伸长率,所以在关于高分子材料的拉伸力学性能测试的国家标准(GB1040 -92)中要求:在加载过程中,跟踪测量试样上的标距长度,直到试样断裂。用试样断裂时测量到的标距长度 L_K,代入求 δ 的公式,得到材料的断裂伸长率,记为 δ_K。

高分子材料拉伸试件一般为矩形截面的板状试件。试件形状和尺寸的设计可参考金属材料。拉伸实验的加载速度一般为 10 +5mm/min。

2. 复合材料

随着科学技术的发展,特别是航空航天工业的发展,对材料提出了更高的要求。单一的材料,比如金属和高分子材料已不能满足要求。复合材料是用两种或两种以上不同性质、不同形态的材料通过复合工艺而形成的多相材料。复合材料不仅能保持原组分材料的部分特点,而且具有原组分材料所不具备的性质。比如,玻璃纤维增强复合材料将玻璃纤维的高强度、高刚度性能与高分子材料的重量轻、绝缘、抗腐蚀、易加工等性能结合起来,在航空航天、电力设施等方面发挥了独有的作用。复合材料至少包含两相,其中一相是连续的比如环氧树脂,称为基体,另一相比如玻璃纤维、碳纤维起增强作用,被基体包容,称为增强相。复合材料有很多种,内部结构非常复杂。在教学实验中我们重点研究单层连续纤维增强复合材料。具体材料是玻璃纤维增强单层复合材料板,基体材料为环氧树脂。

图 4 -7 是单层复合材料结构示意图。纤维纵向为 1 方向,面内垂直于纤维方向为 2 方向,3 为法线方向。图 4 -8 为坐标定义说明。X 代表加载方向,Y 代表垂直于加载方向,θ 为纤维排列方向(1 方向)与加载方向(X)的夹角。平行于纤维方向加载,$\theta = 0°$;垂直于纤维方向加载,$\theta = 90°$。很明显,这是典型的各向异性材料。

(1) 力学性能及测定方法

玻璃纤维增强复合材料是在工程上大量使用的一种复合材料,俗称“玻璃钢”。由于玻璃钢属于脆性材料,所以它的拉伸曲线比较简单。拉伸实验测定的力学性能主要有抗拉强度,最大载荷伸长率或破坏伸长率以及弹性模量。抗拉强

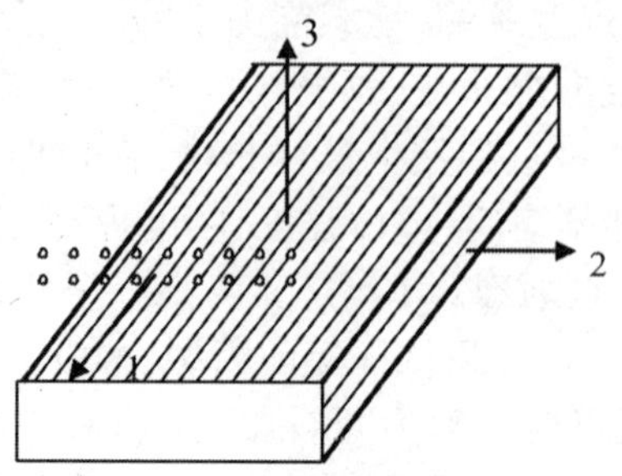

图 4－7　单层复合材料结构示意图

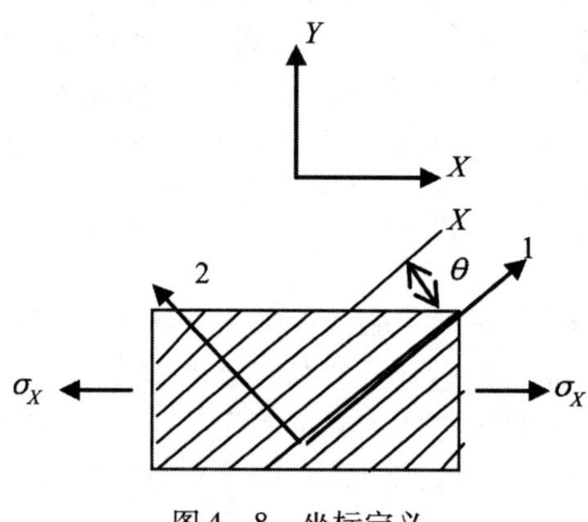

图 4－8　坐标定义

度与其他材料的定义相同。最大载荷伸长率或破坏伸长率是在拉伸应力作用下试样在最大载荷下或破坏时标距长度内所产生的伸长，用标距的百分比表示。

与一般材料不同，复合材料的力学性能与玻璃纤维在材料中的体积比有关，并且由于是各向异性材料，各个方向的性能差异很大。当测定一个方向的弹性模量和泊松比时，测试方法同一般材料。仅用一个方向的 E 和 μ 不能反映这种材料的弹性特性。对于单层复合材料正交各向异性材料需要至少四个弹性常数即 E_1、E_2、μ_{21} 和 μ_{12}。测试它们需要加工 0°方向和 90°方向两种试样分别进行拉伸实验测定其 E 和 μ。弹性常数的定义如下

$$0°\ 试件(\theta = 0°):\quad E_1 = \frac{\sigma_1}{\varepsilon_1};\quad \mu_{21} = -\frac{\varepsilon_2}{\varepsilon_1} \tag{4-6}$$

$$90°\ 试件(\theta = 90°):\quad E_2 = \frac{\sigma_2}{\varepsilon_2};\quad \mu_{21} = -\frac{\varepsilon_1}{\varepsilon_2} \tag{4-7}$$

（2）试样要求

复合材料的试样设计要考虑材料本身的特点，并且还要根据实验测试

的要求设定试件长度方向与纤维方向的角度。试样的基本形式如图 4 - 9 所示。

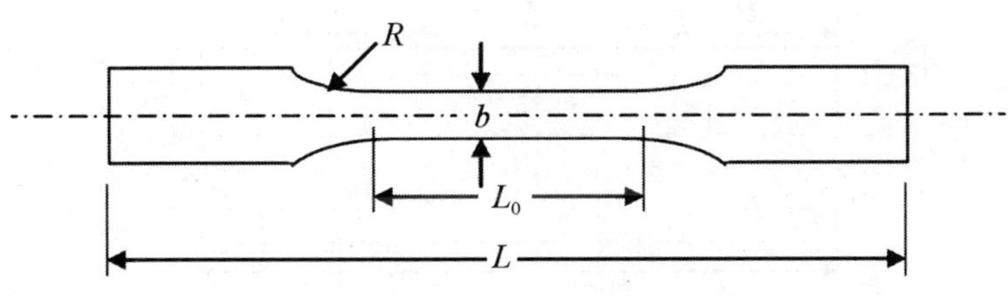

图 4 - 9　复合材料试样形式

试件一般加工成长条板式试样。试件的两端用金属铝片或玻璃钢片作加强片，采用黏结剂黏结，要求实验过程中加强片不脱落。有关试样的具体尺寸要求和对复合材料力学性能实验的具体规定，请参考国家标准 GB1447 - 83“玻璃纤维增强塑料拉伸性能实验方法”。

研究材料在常温静加载下的力学性能时，除采用单向静拉伸实验方法外，有时还采用压缩、弯曲和扭转等实验方法。改变加载方式即改变应力状态。在不同应力状态下材料会表现出力学性能的差别。此外，很多构件在实际服役中常承受轴向压力、弯矩或扭矩的作用，有必要测定制造这类构件的材料在这几种载荷作用下的力学性能指标，用作设计和选材的依据。此外，加载环境的改变，比如温度的变化，加载速度的变化，材料的力学行为都会有相当大的改变。有关以上方面的内容请参考相关资料。

4.2　单向纤维增强塑料拉伸实验方法

本拉伸实验方法是以国家标准 GB3354 - 82《定向纤维增强塑料拉伸性能实验方法》为蓝本编写的，内容部分进行了删选，基本保持了《国家标准》原有形式。本实验方法仅限学习力学实验的学生教学使用。如果要进行科学研究实验或鉴定性实验等，请详细参阅国家标准 GB3354 - 82《定向纤维增强塑料拉伸性能实验方法》。

1. 适用范围

此实验方法适用于测定单向和正交对称铺层纤维增强塑料平板平行纤维方向(0°)和垂直纤维方向(90°)的拉伸强度、拉伸弹性模量、泊松比、破坏伸长率及应力 - 应变曲线。

2. 试样

(1)试样的形状和尺寸见图 4－10 及表 4－1。

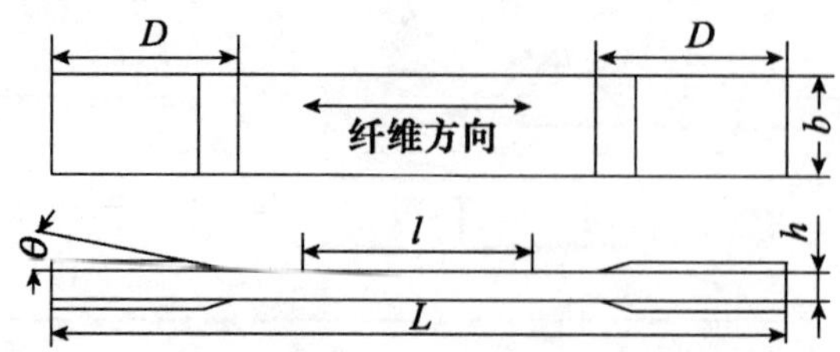

L—试样总长,mm;h—试样厚度,mm;D—加强片长度,mm;b—试样宽度,mm;
l—工作段长度,mm;θ—加强片倒角

图 4－10　试样形状

表 4－1　试样尺寸

试样类别	尺寸(mm)					
	L	b	h	l	D	θ
0°	230	12.5 ±0.5	1－3	100	50	≥15°
90°	170	25 ±0.5	2－4	50	50	≥15°
0°/90°	230	25 ±0.5	2－4	80	50	≥15°

注:①仲裁试样的厚度为 2.0 ±0.1mm;②测定泊松比时也可采用无加强片的试样;③测定 0°泊松比时试样宽度也可采用 25 ±0.5mm。

(2)加强片及其胶接方法:①加强片可用厚度为 2～3mm 的正交铺层的玻璃纤维增强塑料板或厚度为 1～3mm 的铝板制作;②胶接加强片所用胶黏剂应保证在实验过程中加强片不脱路,胶黏剂固化温度不应高于试样板材成型温度;③对胶接加强片处的试样表面进行处理时,不允许损伤试样纤维;④加强片可在试样制备后胶接,也可在试样制备前整片胶接,然后加工成试样。两侧加强片应对称。

3. 实验条件

(1)试样的取位和加工(略)。

(2)实验设备。试验机载荷误差不超过 ±1%,使用吨位的选择应使试样破坏载荷落在满载的 10%～90% 范围内(尽量落在满载的一面),且不得小于试验机最大吨位的 4%。

(3)加载速度。测定拉伸强度时,加载速度为 1～6mm/min。仲裁实验时加载速度为2mm/min。测定拉伸弹性模量、泊松比、破坏伸长率及应力－应变曲线时,加载速度为1～6mm/min。

(4)实验标准环境条件:温度20±5℃,相对湿度65%±5%。

4. 实验步骤

(1)将试样编号、画线并测量试样标距内工作段两端及中间三处的宽度和厚度,取其算术平均值。测量精度,对于试样尺寸小于10毫米的准确到0.02毫米,大于10毫米的试样准确到0.05毫米。

(2)夹持试样,使试样的轴线与上、下夹头的中心线一致。

(3)在工作段内安装测量变形引伸计。施加初载(约为破坏载荷的5%),检查并调整试样及变形或应变测量系统,使其处于正常工作状态。

(4)测定拉伸弹性模量、泊松比、破坏伸长率及应力－应变曲线时,采用分级加载,级差为破坏载荷的5%～10%(测定拉伸弹性模量、泊松比时,至少分五级),记录各级载荷与相应的变形或应变值。使用自动记录装置时,可连续加载。

(5)测定拉伸强度时,连续加载至试样破坏,记录最大载荷及试样破坏形式。

(6)绘制载荷－变形或载荷－应变曲线。

5. 性能测定结果计算

(1)拉伸强度σ_t:

$$\sigma_t = \frac{P_b}{b \cdot h}$$

式中,σ_t为拉伸强度,MPa;P_b为试样破坏时的最大载荷,kN;b为试样宽度,mm;h为试样厚度,mm。

(2)拉伸弹性模量E_t:

$$E_t = \frac{\Delta P \cdot l}{b \cdot h \cdot \Delta l}$$

式中,E_t为拉伸弹性模量,MPa;ΔP为对应于载荷－变形曲线或载荷－应变曲线上初始直线段的载荷增量值,kN;Δl为与ΔP对应的标距l内的变形增量值,mm;l为测量标距,mm;b为试样宽度,mm;h为试样厚度,mm。

(3)拉伸破坏伸长率ε_t:

$$\delta = \frac{\Delta l_b}{l} \times 100$$

式中，δ 为拉伸破坏伸长率，%；Δl_b 为试样破坏时标距 l 的总伸长量，mm；l 为测量标距，mm。

（4）绘制拉伸应力－应变曲线。

（5）泊松比 μ：

$$\mu_{LT} = \frac{-\varepsilon_T}{\varepsilon_L}$$

$$\varepsilon_L = \frac{\Delta l_L}{l_L}$$

$$\varepsilon_T = \frac{\Delta l_T}{l_T}$$

式中，μ_{LT}为泊松比；ε_L 为与 ΔP 对应的纵向应变；ε_T 为与 ΔP 对应的横向应变；l_L 为纵向测量标距 mm；l_T 为横向测量标距 mm；Δl_L 为与 ΔP 对应的标距 l_L的变形增量，mm；Δl_T 为与 ΔP 对应的标距 l_T的变形增量，mm。

4.3 金属压缩实验方法

本实验方法是以国家标准 GB/7314—87《金属压缩实验方法》为蓝本编写的，内容部分进行了删选，基本保持了《国家标准》原有形式。本实验方法仅限初学力学实验操作的学生教学使用。如果要进行科学研究实验或鉴定性实验等，请详细参阅国家标准 GB/7314—87《金属压缩实验方法》。

1. 适用范围

此实验方法适用于测定金属材料在室温下单向压缩的规定非比例压缩应力、规定总压缩应力、屈服点、弹性模量及脆性材料的抗压强度。

2. 实验原理

（1）参阅材料力学、工程力学课程的教材及其他有关“材料的力学性质”相关材料的。

（2）本实验采用电子万能试验机压缩试样。请根据你将要进行的实验要求，选择定义中的一项或几项力学性能指标，进行实验。

（3）除非另有规定，实验一般在室温 10～35℃ 范围内进行。对温度要求严格的实验，实验温度应为 23±5℃。

3. 定义

单向压缩：试样受轴向压缩时。弯曲的影响可以忽略不计，标距内应力均匀分布;且在实验过程中,不发生屈曲。

试样原始标距(L_0): 用引伸计测量试样变形的那一部分原始长度。此长度应不小于 b_0、d_0。

实际压缩力(P):压缩过程中作用在试样上沿轴线方向的力。

摩擦力(F_f):被约束装置夹持的试样,在施力时,两侧面与夹板之间产生的摩擦力。

压缩应力:实验过程中试样的实际压缩力与其原始横界面面积的比值。

规定非比例压缩应力(σ_{pc}):试样标距段的非比例压缩变形达到规定的原始标距百分比时的应力。表示此应力的符号应附以脚注说明,例如 $\sigma_{pc0.01}$、$\sigma_{pc0.02}$ 分别表示规定非比例压缩应变为 0.01%、0.02% 时的应力。

规定总压缩应力(σ_{tc}):试样标距段总压缩变形(弹性变形加塑性变形)达到规定的原始标距百分比时的应力。表示此应力的符号应附以脚注说明,例如 $\sigma_{tc1.5}$表示规定总压缩应变为 1.5% 时的应力。

压缩屈服点(σ_{sc}):试样在实验过程中,达到力不再增加而仍继续变形时所对应的应力。

抗压强度(σ_{bc}):试样压至破坏过程中最大应力。

压缩弹性模量 (E_c):实验过程中,应力应变呈线性关系时的应力与应变的比值。

4. 符号和说明(表 4-2)

表 4-2

符号	单位	说明
a_0	mm	试样原始厚度
b_0	mm	试样原始宽度
d_0	mm	试样原始直径
L	mm	试样长度
L_0	mm	试样原始标距
ΔL	mm	原始标距段受力后的变形
H	mm	约束装置的高度
h	mm	板状试样无约束部分的长度

续表

符号	单位	说明
S_0	mm^2	试样原始横截面面积
F_0	N	试样上端所受的压力
F	N	实际压缩力；无侧向约束的实验，$F=F_0$
F_f	N	摩擦力
F_{pc}	N	规定非比例压缩变形的实际压缩力
F_{tc}	N	规定总压缩变形的实际压缩力
F_{sc}	N	屈服时的实际压缩力
F_{bc}	N	试样压至破坏过程中的最大实际压缩力
σ_{pc}	N/mm^2	规定非比例压缩应力
σ_{tc}	N/mm^2	规定总压缩应力
σ_{sc}	N/mm^2	压缩屈服点
σ_{bc}	N/mm^2	抗压强度
E_c	N/mm^2	压缩弹性模量
ε_{pc}	%	规定非比例压缩应变
ε_{tc}	%	规定总压缩应变
n	%	变形放大倍数

$1N/mm^2=1MPa$

5. 试样

试样形状与尺寸的设计应保证：在实验过程中，标距内为均匀单向压缩；引伸计所测变形应与试样轴线上标距段的变形相等；端部不应在实验结束之前破坏。推荐试样见图4－11、图4－12，凡能满足上述要求的其他试样也可采用。

图4－11、图4－12为侧向无约束试样。$L=(2.5\sim3.5)d_0$ 的试样适用于测定 σ_{pc}、σ_{tc}、σ_{sc}、σ_{bc}；$L=(5\sim8)d_0$ 的试样适用于测定 $\sigma_{pc0.01}$、E_c；$L=(1\sim2)d_0$ 的试样仅适用于测定 σ_{bc}。

试样原始标距两端分别距试样端面的距离不应小于试样直径（宽度）的1/2（测 E_c 时应不小于直径）。

试样尺寸的测量：正方形柱体式样的厚度和宽度，须在试样原始标距中点处

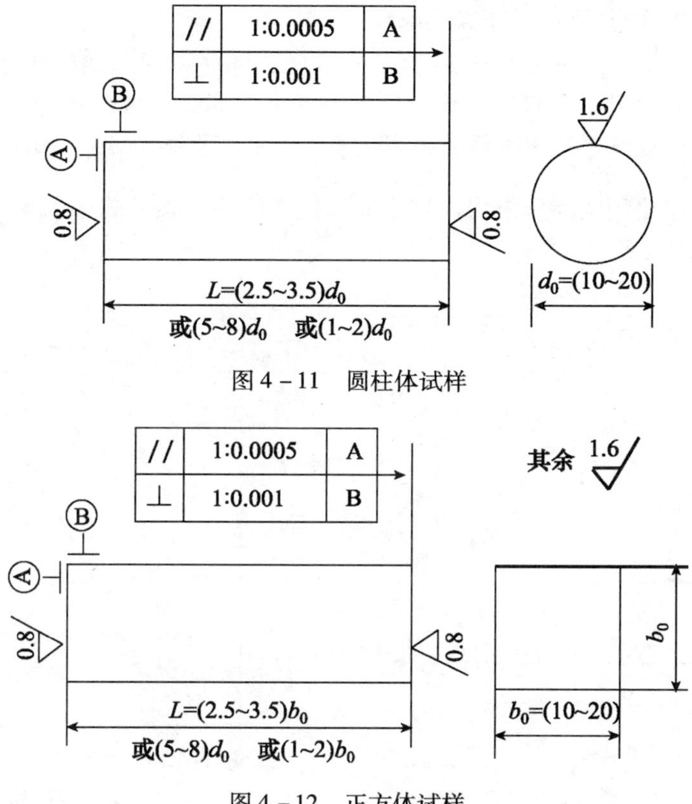

图 4－11　圆柱体试样

图 4－12　正方体试样

测量;圆柱体试样须在原始标距中点处两个相互垂直的方向上测量直径,取其算术平均值。

6. 实验要求

(1)压缩速度,在弹性(或接近弹性)范围内,采用控制应力速率的方法,其速率控制在 $1\sim10\text{N/mm}^2\cdot\text{s}$ 范围内。在明显塑性变形范围内,采用控制应变速率的方法,其速率控制在 0.0005～0.0001/s 范围内。

(2)安装试样时,试样纵轴中心线应与压头轴线重合。

(3)实验在室温 10～35℃下进行。

7. 性能测定

(1)规定非比例压缩应力的测定

用力－变形作图法测定。曲线的纵坐标为力 P,横坐标为变形 ΔL,力轴坐标选择应使所求的 F_{pc}点处于力轴的二分之一以上,变形放大倍数的选择应保证图

4 – 13 中的 OC 段长度不小于 5mm。

在自动绘制的力 – 变形曲线（图 4 – 13）上，自 O 点起，截取一段相当于规定非比例变形的距离 OC（规定非比例压缩应变 ε_{pc} · 试样原始标距 L_0 · 变形放大倍数 n），过 C 点作平行于弹性直线段的直线 CA 交曲线于 A 点，其对应的力 F_{pc} 为所测规定非比例实际压缩力。规定非比例压缩应力按公式 $\sigma_{pc} = \dfrac{F_{pc}}{A_0}$ 计算。

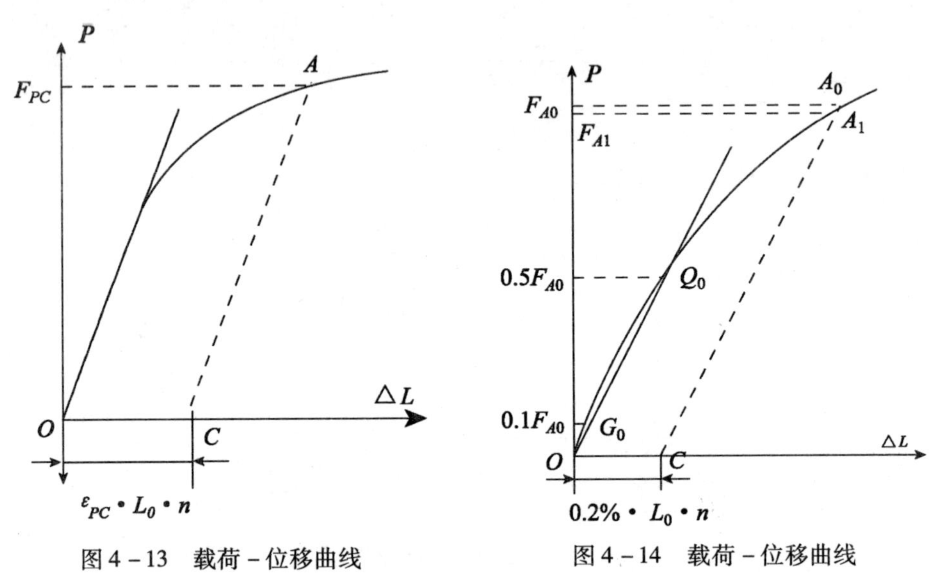

图 4 – 13　载荷 – 位移曲线　　图 4 – 14　载荷 – 位移曲线

如果力 – 变形曲线无明显的弹性直线段（见图 4 – 14），采用逐次逼近法。先在曲线上直观估读一点 A_0，约为规定非比例压缩应变 0.2% 的力 F_{A_0}，然后在微弯曲线上取 G_0、Q_0 两点，其分别对应的力 $0.1F_{A_0}$、$0.5F_{A_0}$，作直线 G_0Q_0，在力 – 变形曲线上，自 O 点起，截取一段相当于规定非比例变形的距离 OC（$0.2\% \cdot L_0 \cdot n$），过 C 点作平行于 G_0Q_0 的直线 CA 交曲线于 A_1 点，如果 A_1 点与 A_0 点重合，则 F_{A_0} 即为 $F_{pc0.2}$。G_0Q_0 直线的斜率一般可以用于图解确定其他规定非比例压缩应力的基准。

如果 A_1 点与 A_0 点不重合，则需采用与上述相同的步骤进行第二次逼近，此时取 A_1 点对应的 F_{A_1} 来分别确定 $0.1F_{A_1}$、$0.5F_{A_1}$ 对应的 G_1、Q_1，然后如前述过 C 点作平行线来确定交点 A_2。重复相同步骤直至最后一次得到交点与前一次的重合。

（2）规定总压缩应力的测定

用力 – 变形作图法测定。曲线的纵坐标为力 P，横坐标为变形 ΔL。力轴的坐标选择应使所求的 F_{tc} 点处于力轴的二分之一以上，总压缩变形一般应超过变形轴的二分之一以上。

在自动绘制的力－变形曲线（图4－15）上，自 O 点起在变形轴上取 OD 段（$\varepsilon_{tc} \cdot L_0 \cdot n$），过 D 点作与力轴平行的直线 DM 交曲线于 M 点，其对应的力 F_{tc} 为所测规定总压缩力。总压缩应力按公式 $\sigma_{tc} = \dfrac{F_{tc}}{A_0}$ 计算。

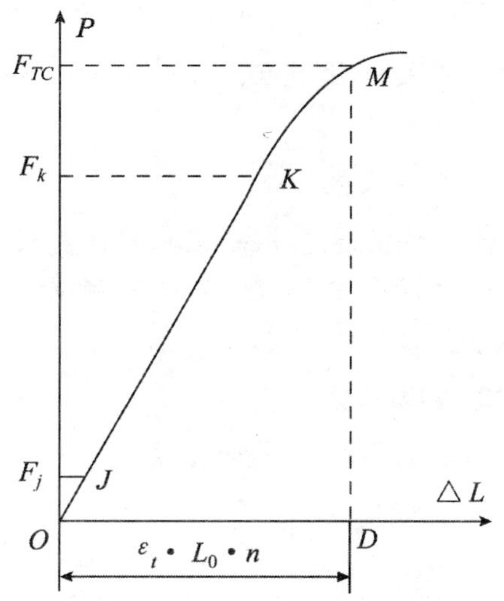

图4－15 载荷－位移曲线

(3)屈服强度测定

用力－变形作图法测定。曲线的纵坐标为力 P，横坐标为变形 ΔL，力轴的坐标选择应使所求的屈服力 F_{sc} 点处于力轴的二分之一以上，变形轴应根据屈服阶段的变形来确定。

在自动绘制的力－变形曲线图上，判读屈服平台的恒定实际压缩力或塑性屈服阶段的最低实际压缩力即为屈服力 F_{sc}；若屈服阶段曲线出现多个波峰波谷时，取第一个波谷之后的最低实际压缩力为屈服力。屈服点按公式 $\sigma_{sc} = \dfrac{F_{sc}}{A_0}$ 计算。

如协议允许，屈服力可在测力度盘上判读。

(4)抗压强度的测定

试样压至破坏，从力－变形图上确定最大实际压缩力 F_{bc}，或从测力度盘读取最大力值。抗压强度按公式 $\sigma_{bc} = \dfrac{F_{bc}}{A_0}$ 计算。

(5)弹性模量的测定

用力－变形作图法测定。曲线的纵坐标为力 P，横坐标为变形 ΔL，力轴的坐标选择应使所求的 F_{sc} 点处于力轴的二分之一以上，变形放大倍数应大于500倍。

在自动绘制的力－变形曲线图上（见图4－15），取弹性直线段上 J、K 两点（点距应尽可能），读出对应的力 F_J、F_K，变形 ΔL_J、ΔL_k。弹性模量按公式 $E_c = \dfrac{(F_K - F_J)L_0}{(\Delta L_K - \Delta L_J)S_0}$ 计算。

4.4 压缩弹簧实验

1. 实验目的

分析弹簧受力状态，了解弹簧变形特征，掌握压缩弹簧的应力、刚度以及剪切模量的计算方法，确定铁路车辆用弹簧的应力、刚度和剪切弹性模量以及压力与应变经验关系公式。

2. 实验仪器

万能试验机，电阻应变仪。

3. 实验原理

(1) 弹簧应力

沿弹簧轴线作用压力 P，在簧丝横截面上有一个通过截面形心的剪力 Q 和一个扭矩 M_n，根据平衡条件，$Q=P, M_n=P\cdot D/2$。对于簧丝横截面来说，与剪力 Q 对应的剪应力 τ_1 均匀地分布在横截面上。而与扭矩 M_n 对应的剪应力 τ_2 则沿簧丝半径方向成三角形分布，其边缘剪应力最大。因此，对于弹簧簧丝横截面上任意一点的总应力应是剪力和扭矩两种剪应力的矢量和，即 $\tau=\tau_1+\tau_2$。

在上述分析中，应考虑弹簧簧丝实际上是一个曲杆，用直杆的扭转公式计算簧丝应力将会引起误差，特别是在 D/d 比值较小时，即簧丝曲率较大时，误差的影响尤为显著。因此，在计算扭矩对应的剪应力 τ_2 时，要考虑曲率等因素对簧丝边缘最大剪应力影响，应该对扭矩对应的剪应力 τ_2 公式加以修正。[$\tau=K(\tau_1+\tau_2)$，其中，曲率系数 $K=(4C-1)/(4C-4)+0.615/C$，C 为弹簧指数 $C=D/d$，D 为弹簧中径，d 为簧丝直径。]

(2) 弹簧变形

弹簧在轴向压力作用下，沿轴线方向总缩短量 λ 就是弹簧的变形。为了测得弹簧变形量，在弹簧上下表面安装垫板，在弹簧两侧安装百分表，使百分表的顶杆垂直于垫板，触头与垫板紧密接触，当弹簧受力变形后，直接从百分表上测得弹簧的变形。而弹簧的刚度就是压力 P 与变形 λ 之比。根据实验数据确定出压力 P 与弹簧变形 λ 的经验公式。

(3) 剪切弹性模量

分析簧丝受力情况，在弹簧的内、外侧对称贴一对鱼尾应变化，通过全挤接桥电路，使应变仪读出扭转应变 $\varepsilon_{45°扭}$，根据应力状态分析、计算，得出 $\varepsilon_{45°扭}$ 与剪应变 γ 的关系，从而得到剪切弹性模量 $G=\tau/\gamma$。

(4)稳定性检验

根据国标的要求,压缩弹簧的细长比 b 应小于 5.3(两端固定),b 小于 3.7(一端固定,一端回转),b 小于 2.6(两端回转)。如果不能满足这个条件时,还需对弹簧进行稳定性检验。弹簧细长比 $b = H_0/D$,H_0 为弹簧自由高,D 为弹簧中径。$P_e = C_B P' H_0$,其中 P_e 为弹簧的临界荷载,C_B 为不稳定系数,P' 为弹簧的刚度。

4. 实验步骤

(1)以小组为单位分析实验原理。

(2)确定实验方案。

(3)进行实验操作,记录数据。

(4)整理实验数据,计算实验结果。

(5)得出实验结论。

4.5 扭转实验

本实验方法是以国家标准 GB/10128－88《金属室温扭转实验方法》为蓝本编写的,内容部分进行了删选,基本保持了《国家标准》原有形式。本实验方法仅限初学力学实验操作的学生教学使用。如果要进行科学研究实验或鉴定性实验等,请详细参阅国家标准 GB/10128－88《金属室温扭转实验方法》。

1. 适用范围

此实验方法适用于金属材料,在室温下测定其扭转力学性能。

2. 实验原理

(1)参阅材料力学、工程力学课程的教材有关“材料的力学性质”章节,及其他相关材料。

(2)本实验采用扭转试验机对试样施加扭矩,测量扭矩及其相应的扭角,一般扭至断裂,以便测定定义中的一项或几项扭转力学性能。

(3)除非另有规定,实验一般在室温 10～35℃范围内进行。

3. 定义

(1)试样平行长度(L_c)。试样两头部或夹持部分(不带头试样)之间的平行长度。

(2)试样标距(L_0)。试样上用以测量扭角的两标记间距离的长度。

(3)扭转计标距(L_e)。用扭转计测量试样扭角所使用试样部分的长度。

(4)切变模量 G。切应力与切应变成线性比例关系范围内切应力与切应变之比。

(5)规定非比例扭转应力(τ_ρ)。①对于金属材料没有明显的现屈服现象时,一般用规定非比例扭转应力评价;②非比例扭转应力规定在扭转实验中试样标距部分外表面上的非比例切应变达到规定数值时,按弹性扭转公式计算的切应力。

注:表示此应力的符号应附以脚注说明,例如 $\tau_{\rho 0.015}$、$\tau_{\rho 0.3}$ 等分别表示规定的非比例切应变达到0.015%和0.3%时的切应力。

(6)屈服强度(τ_s)。扭转实验中,扭角增加而扭矩不增加(保持恒定)时,按弹性扭转公式计算的切应力。如扭矩发生下降,则应区分上屈服点和下屈服点。

上屈服强度(τ_{su}):扭转实验中,以首次发生下降前的最大扭矩,按弹性扭转公式计算的切应力。

下屈服强度(τ_{sl}):以屈服阶段中的最小扭矩,按弹性扭转公式计算的切应力。

(7)抗扭强度(τ_b)。试样在扭断前承受的最大扭矩,按弹性扭转公式计算的切应力。

4. 符号和说明(表4-3)

表4-3

符号	单位	说　明
d_0	mm	圆形试样和管形试样平行长度部分的外直径
a_0	mm	管形试样平行长度部分的管壁厚度
L_c	mm	试样平行长度
L_0	mm	试样标距
L_e	mm	扭转计标距
L	mm	试样总长度
R	mm	试样头部过渡半径
T	N · mm	扭矩
T_ρ	N · mm	规定非比例扭矩(实验记录或报告中应附以所测应力的脚注)

续表

符号	单位	说　　明
T_s	N · mm	屈服扭矩
T_{su}	N · mm	上屈服扭矩
T_{sl}	N · mm	下屈服扭矩
T_b	N · mm	最大扭矩
ΔT	N · mm	扭矩增量
ϕ	rad	扭角
$\Delta\phi$	rad	扭角增量
I_ρ	Mmm^4	极惯性矩
W	Mmm^3	截面系数
G	N/mm^2	切变模量
τ_ρ	N/mm^2	规定非比例扭转应力
τ_s	N/mm^2	屈服点
τ_{su}	N/mm^2	上屈服点
τ_{sl}	N/mm^2	下屈服点
τ_b	N/mm^2	抗扭强度
γ_ρ	%	非比例切应变
γ_{max}	%	最大非比例切应变
n		扭角轴放大倍数
π		圆周率

5. 试样

(1)试样形状

圆形试样的形状和尺寸见图 4 – 16。试样头部形状和尺寸应适合试验机夹头夹持。推荐采用直径为 10mm，标距分别为 50mm 和 100mm，平行长度分别为 70mm 和 120mm 的试样。如采用其他直径的试样，其平行长度应为标距加上两倍直径。

管形试样略 。

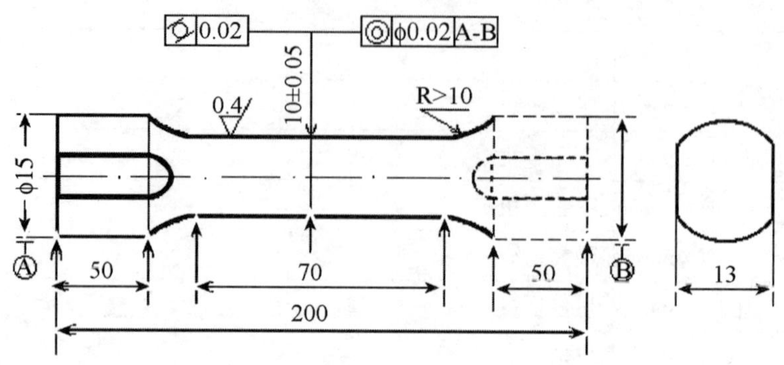

图 4－16 圆形试样

（2）试样尺寸测量

圆形试样应在标距两端及其中间处两个相互垂直的方向上各测一次直径，并取其算术平均值。取用三处测得的直径的算术平均值计算试样的极惯性矩；取用三处测得直径的算术平均值中最小值计算试样的截面系数。

测量精度：直径测量误差不大于 0.01mm，标距测量误差不大于 0.05mm。

6. 实验条件

（1）实验在室温 10～35℃下进行。

（2）扭转速度：屈服前应在 6°～30°/min 范围内，屈服后不大于 360°/min。速度的改变应无冲击。

7. 性能测定

（1）切变模量的测定

1）图解法：实验时，用自动记录方法记录扭矩－扭角曲线。扭矩轴比例的选择应使扭矩－扭角曲线的弹性直线段的高度超过扭矩量程的 1/2 以上。扭角放大倍数的选择应使扭矩－扭角曲线的弹性直线段与扭矩轴夹角不小于 40°为宜。在所记录曲线的弹性直线段上，读取扭矩增量和相应的扭角增量（见图 4－17）。按公式 $G=\dfrac{\Delta M \cdot L_e}{\Delta\varphi \cdot I_\rho}$ 计算切变模量。其中，ΔM 为扭矩增量，L_e 为扭转计标距，$\Delta\varphi$ 为扭角增量，I_ρ 为惯性矩。对于圆形试样，$I_\rho=\dfrac{\pi d_0^4}{32}$。

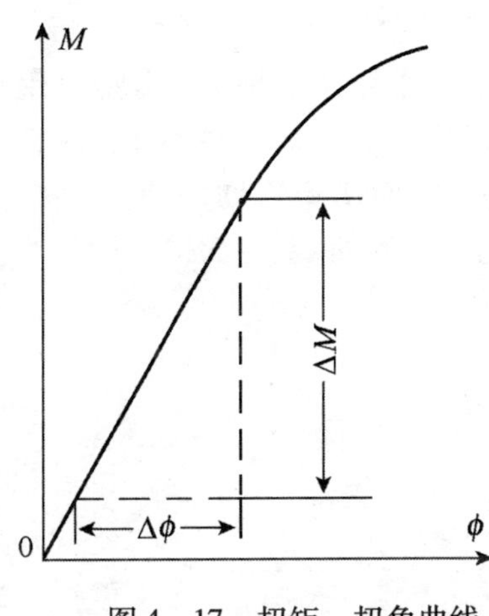

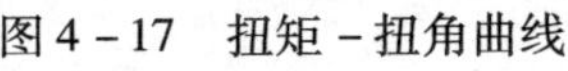
图 4－17　扭矩－扭角曲线

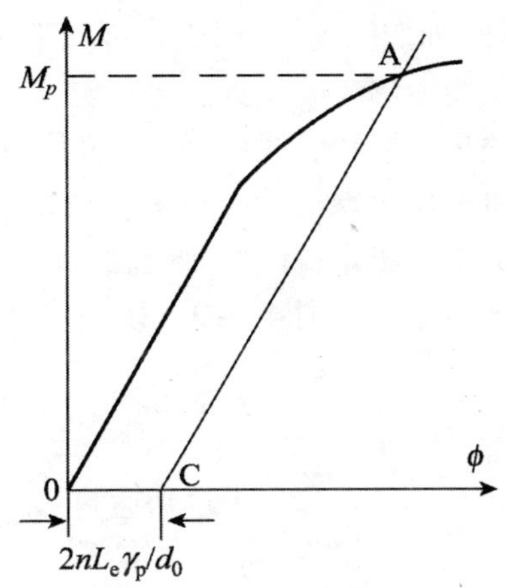

图 4－18　扭矩－扭角曲线

2)逐级加载法:实验时,对试样施加预扭矩,预扭矩一般不超过相应预期规定非比例扭矩应力 $\tau_{\rho0.015}$ 的 10%。装上扭转计并调整其零点。在弹性直线段范围内,用不少于 5 级扭矩对试样加载。记录每级扭矩和相应的扭角,读取每对数据对的时间以不超过 10s 为宜。计算出平均每级扭角增量。按公式 $G=\dfrac{\Delta M\cdot L_e}{\Delta\varphi\cdot I_\rho}$ 计算切变模量。

注:允许用最小二乘法将数据对拟合直线计算切变模量。

(2)规定非比例扭矩应力的测定

1)图解法:实验时,用自动记录方法记录扭矩－扭角曲线,见图 4－18。应选择适当的扭矩轴比例,使所要测得的应力对应的扭矩处于扭矩轴量程的 1/2 以上。选择扭角轴的放大倍数应使图 4－18 中的 $\overline{OC}$ 段大于 5mm。在记录得的曲线上延长弹性直线段交扭角轴于 O 点,截取 $\overline{OC}$($\overline{OC}=2nL_e\gamma_\rho/d_0$)段,过 C 点做弹性直线段的平行线 CA 交曲线于 A 点,A 点对应的扭矩为所求扭矩 M_ρ。按公式计算规定非比例扭转应力 $\tau_\rho=\dfrac{M_\rho}{W}$,式中 $W=\dfrac{\pi d_0^3}{16}$。

2)逐级加载法:实验时,对试样施加预扭矩,预扭矩一般不超过相应预期规定非比例扭矩应力 $\tau_{\rho0.015}$ 的 10%。装上扭转计并调整其零点。在相当于规定非比例扭转应力 $\tau_{\rho0.015}$ 的 70%～80% 以前,施加大等级扭矩,以后施加小等级扭矩,小等级扭矩应相当于不大于 $10N/mm^2$ 的切应力增量。读取各级扭矩和相应的扭角。读取每对数据对的时间以不超过 10s 为宜。

(3)屈服强度、上屈服强度和下屈服强度的测定

采用图解法或指针法进行测定(仲裁实验采用图解法)。实验时用自动记录方法记录扭转曲线(扭矩－扭角曲线或扭矩－夹头转角曲线)。或直接观测试验机扭矩度盘指针的指示。当首次扭角增加而扭矩不增加(保持恒定)时的扭矩为屈服扭矩;首次下降前的最大扭矩为上屈服扭矩;屈服阶段中最小扭矩为下屈服扭矩。见图4－19。按公式计算应力:

$$\text{屈服强度:}\tau_s = \frac{M_s}{W}$$

$$\text{上屈服强度:}\tau_{su} = \frac{M_{su}}{W}$$

$$\text{下屈服强度:}\tau_{sl} = \frac{M_{sl}}{W}$$

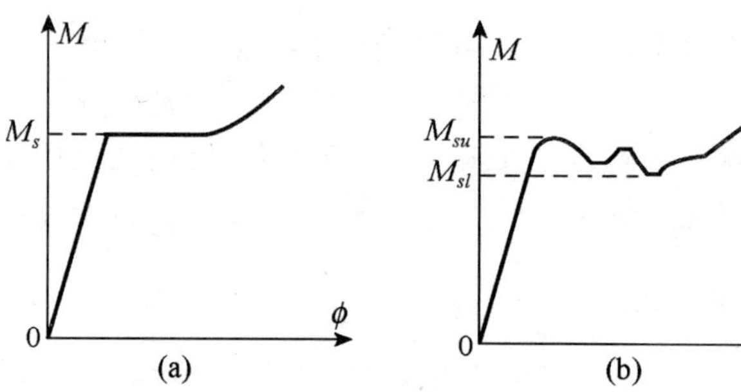

图4－19　扭矩－扭角曲线

(4)抗扭强度的测定

实验时,对试样连续施加扭矩,直至扭断。从记录的扭转曲线(扭矩－扭角曲线或扭矩－夹头转角曲线)或试验机扭矩度盘上读出试样扭断前所承受的最大扭矩。按公式 $\tau_b = \frac{M_b}{W}$ 计算抗扭强度。

4.6　弯扭组合应力测定实验

1. 实验目的要求

(1)用电测法测定圆杆 $M-M$(或 $N-N$)截面危险点的主应力大小和方向,和理论值比较。

(2)用电测法测定 $M-M$(或 $N-N$)截面处于纯剪状态下的一点的最大剪

应力。

2. 实验装置(图 4－20)

已知材料，弹性模量 $E = 200\text{GPa}$，泊松比 $\mu = 0.28$。

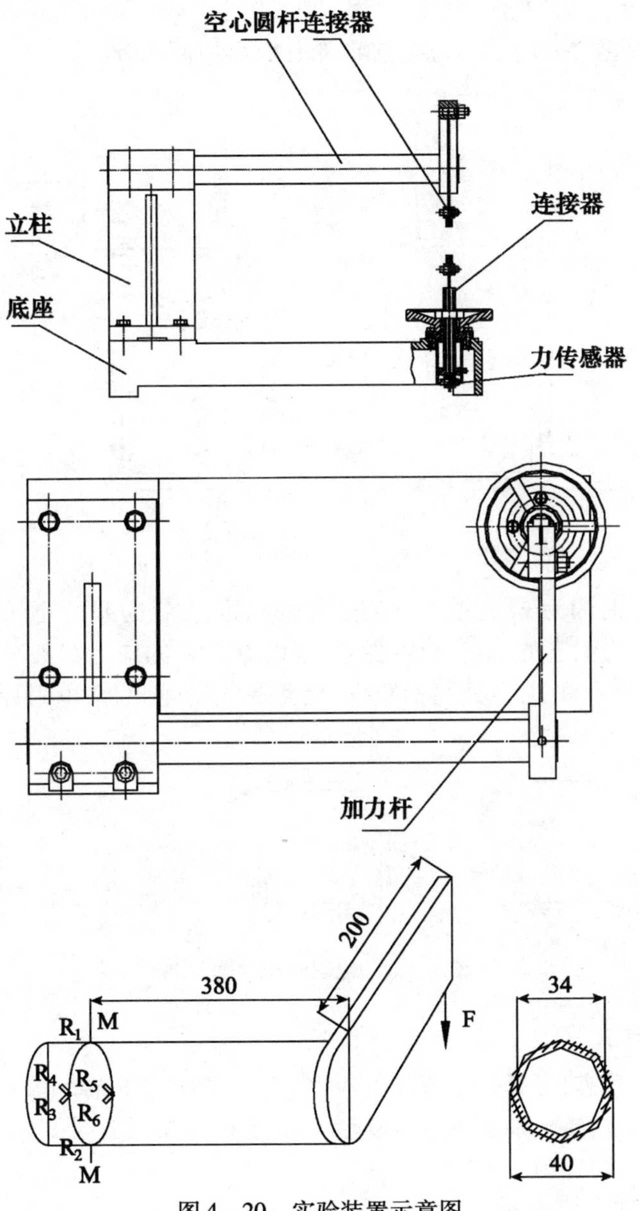

图 4－20　实验装置示意图

3. 应力状态分析

(1)由应力状态分析可知 $A[A']$ 主应力最大，A 点的应力有 $\sigma_{弯}$ 和 $\tau_{扭}$，在测量时可以分别测量，其 A 点的应力状态可以分解成如图 4－21 所示。

(2)在 A 点，弯曲应力 $\sigma_{弯}$ 最大，而切应力 $\tau_{剪}=0$，而 $\tau_{扭}$ 对轴向应变无关，所以测 $\sigma_{弯}$ 时只要在 A 点(A' 点)轴向布片就可以测出 $\sigma_{弯}$。

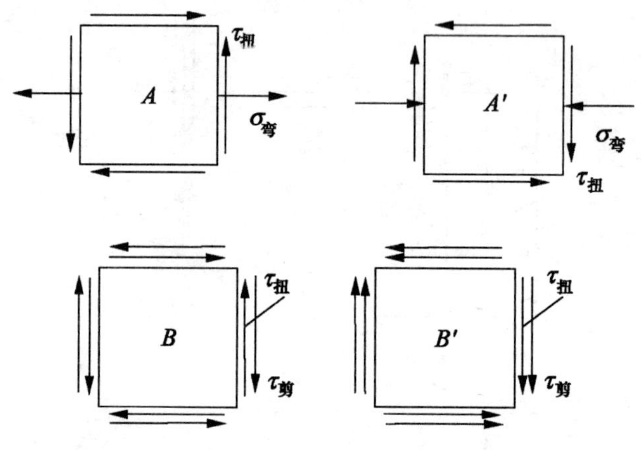

图 4－21　A 点的应力状态

(3)测 $\tau_{扭}$ 时因为 $\tau_{扭}$ 在横截面周边处都相等，在纵向截面处不但有 $\tau_{扭}$，而且还有弯曲剪应力引起的 $\tau_{剪}$。根据图 4－21，B、B' 的应力状态分析，为了测出 $\tau_{扭}$ 和 τ_{max}，在 B 点和 B' 点处与轴线成 45° 各贴两片电阻片，电阻片布片如图 4－22 所示。

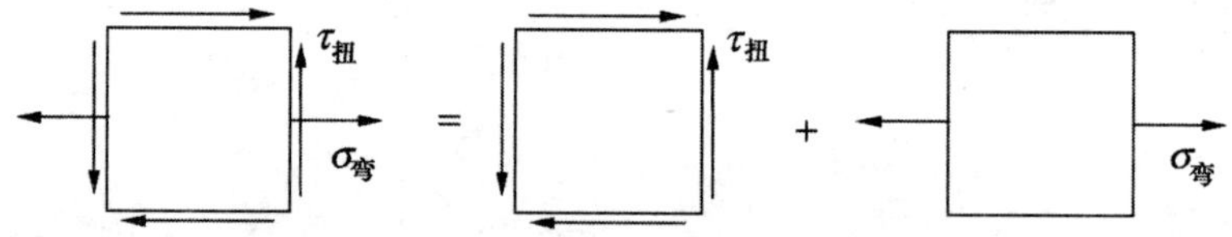

图 4－22　电阻片布片示意图

4. 测试方法

根据应力状态，可分别把弯曲的应变、扭转的应变、扭转和剪切的组合应变、剪切应变测出来，再分别求出各种变形下的应力，最后根据公式求出主应力的大小、方向和最大切应力。

(1)测弯曲正应力 $\sigma_{弯}$

1)接线:半桥互补,将 R_1 为工作片,R_2 为补偿片接入电桥中进行温度补偿。因 R_1 、R_2 的增量等值同向接相邻桥臂,故抵消,应变读数 $\varepsilon_d = \varepsilon_1 - (-\varepsilon_2) = 2\varepsilon$,读数应变值扩大 2 倍,扭转剪切变形下不改变轴的长度,所以测出的是弯曲变形下的应变值。

2)计算 $\sigma_{弯} = E \cdot \varepsilon = E \cdot \dfrac{\varepsilon_d}{2}$。

(2)测扭转切应力 $\tau_{扭}$

1)接线:半桥互补,将 R_5 作为工作片,R_4 作为补偿片接入电桥中如图 4-23,R_4 、R_5 皆与轴向成 45°,应变读数 $\varepsilon_d = \varepsilon_5 - (-\varepsilon_4) = 2\varepsilon$,由剪力产生的应变量等值同向,$R_4$ 、R_5 接相邻桥臂故抵消了,所以测得的应变数为扭转时产生的应变值。

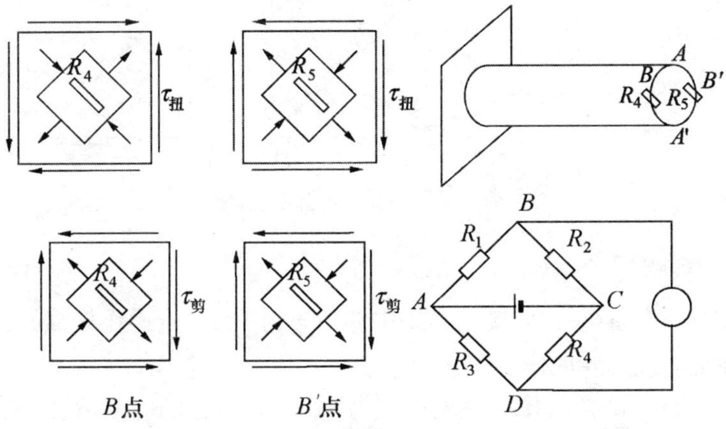

图 4-23　测扭转切应力

2)计算

$$\tau_{扭} = \frac{E \cdot \varepsilon}{1+\mu} = \frac{E \cdot \varepsilon_d}{2(1+\mu)}$$

(3)测横向力引起的剪切应力 $\tau_{剪}$

1)接线:半桥互补,将 R_5 作为工作片(在 B' 点),R_3 为补偿片(在 B 点)接入电桥(图 4-24)。同上,R_3 、R_5 皆与轴线成 45°,由于 R_3 、R_5 受扭后应变量等值同向,接在相邻桥臂故抵消,而由横力引起的剪切,在 R_3 、R_5 受剪后,应变量等值反向,布在桥相邻边,应变读数 $\varepsilon_d = \varepsilon_3 - (-\varepsilon_5) = 2\varepsilon$。如图 4-24。

2)计算:$\tau_{剪} = \dfrac{E \cdot \varepsilon}{1+\mu} = \dfrac{E \cdot \varepsilon_d}{2(1+\mu)}$

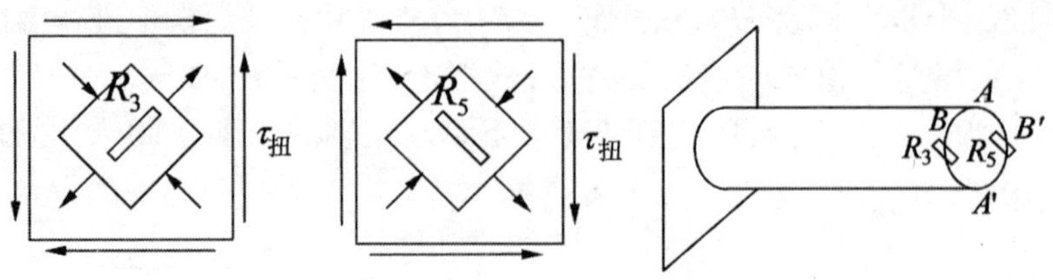

图 4-24　横向力引起的剪切应力

(4)测扭剪组合(即最大切应力) $\tau_{max} = \tau_{扭} + \tau_{剪}$

接线:半桥互补,将 R_5 为工作片, R_6 为补偿片接入电桥中(图 4-25), R_5 、 R_6 皆与轴向成 45° ,应变读数 $\varepsilon_d = \varepsilon_5 - (-\varepsilon_6) = 2\varepsilon$

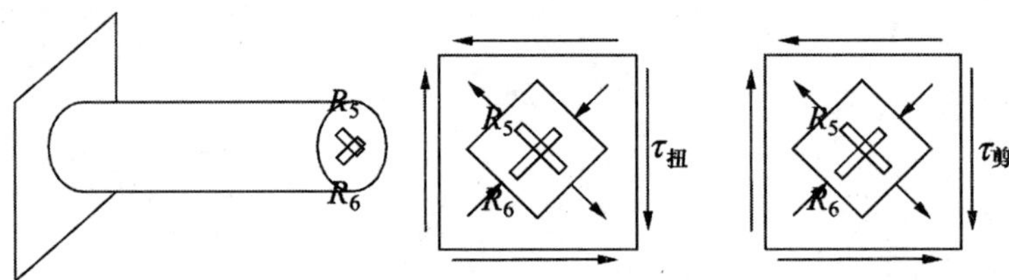

图 4-25　扭剪组合示意图

5. 实验步骤

(1)测 $\sigma_弯$时将 R_1 、R_2 接入电桥中调节电桥平衡(按操作规程)分级加载四次,记下每次加载相应的应变值。

(2)按上述方法依次接线测出剪应力 $\tau_扭$、$\tau_剪$、τ_{max} 的应变值,因 $\tau_剪$很小 ,所以测的应变值可能很小,不必怀疑。

(3)关闭电源,卸载,整理仪器。

4.7　叠梁弯曲实验

1. 实验目的

(1)分析和解释叠梁的应力应变分布状态。

(2)讨论并建立叠梁的力学模型,推导出应力应变的计算公式。

2. 实验设备、仪器

组合实验台、电阻应变仪。

3. 实验数据处理及理论分析

(1)实验装置简图如图4-26所示。

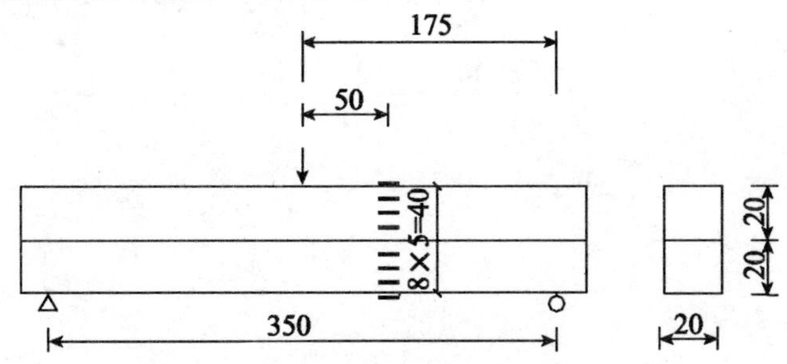

图4-26 叠梁弯曲实验装置简图

(2)实验应力值的计算。从数据表4-4中可以看出,各点应变差值相差很小(第一个差值除外),说明随着荷载 P 线性增加,应变 ε 也线性变化。将第一个差值排除,计算其余7个差值的平均值 $\overline{\varepsilon_i}$,将其作为各点在 ΔP 作用下的平均应变值。因此,各点的应力为 $\sigma_i = E_{钢}\overline{\varepsilon_i}$,$E_{钢}=210\text{GPa}$,见表4-4。

表4-4

i	1	2	3	4	5	6	7	8
$\overline{\varepsilon_i}(\times 10^{-6})$	-55.1	-29	1.4	29	-29.4	0	29.3	59.3
σ_i^* (MPa)	-11.571	-6.09	0.294	6.09	-6.174	0	6.153	12.453

(3)理论值分析

1)建立力学模型。对于自由叠梁,忽略摩擦,假定接触面上是光滑的,上、下梁在水平方向上可以自由伸缩变形。而且,由于上、下梁是密贴的(图4-27),所以近似认为两梁各点曲率相同。

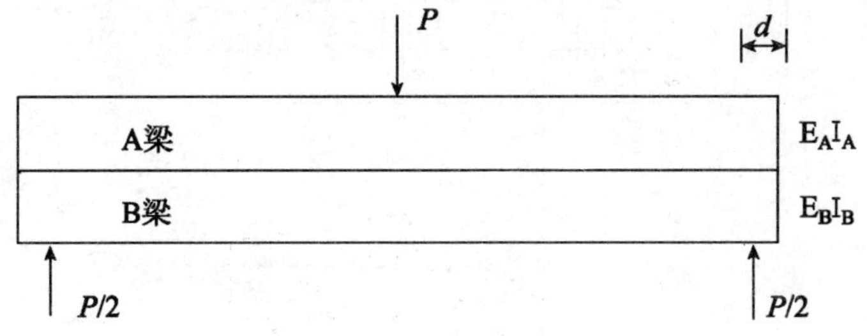

图4-27 自由叠梁

对于A梁(图4－28)，$\sum M = 0$，即

$$\int_{-d}^{x} q(t)(x-t)\,dt - M_A(x) = 0 \tag{4-9}$$

$$\frac{1}{\rho_A} = \frac{M_A(x)}{E_A I_A} \tag{4-10}$$

对于B梁(图4－29)，$\sum M = 0$，即

$$\frac{P}{2}x - \int_{-d}^{x} q(t)(x-t)\,dt - M_B(x) = 0 \tag{4-11}$$

$$\frac{1}{\rho_B} = \frac{M_B(x)}{E_B I_B} \tag{4-12}$$

由于两梁各点曲率相同,即

$$\frac{1}{\rho_A} = \frac{1}{\rho_B} \tag{4-13}$$

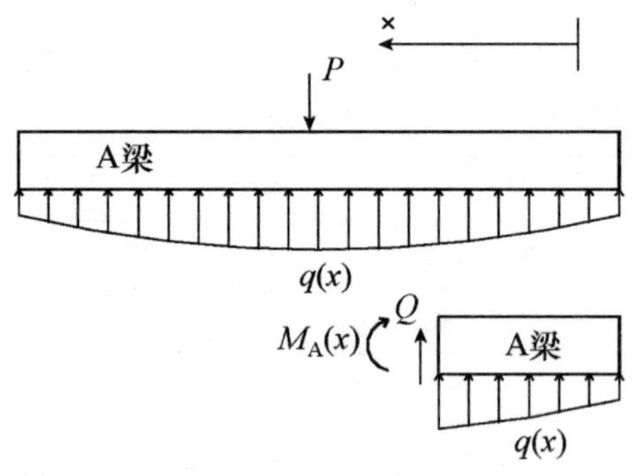

图4－28　A梁

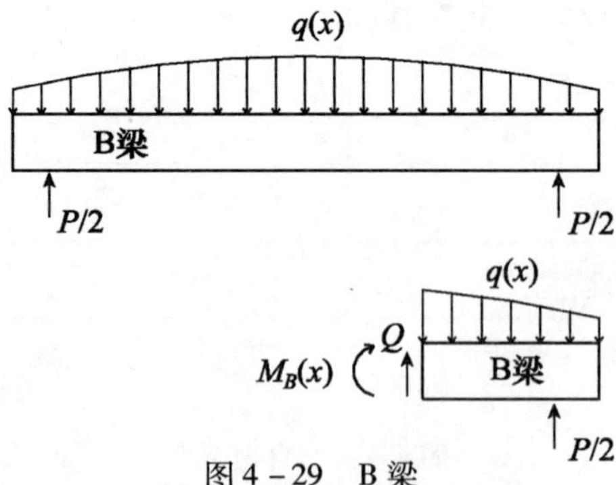

图4－29　B梁

由式(4－9)、式(4－11)可得

$$M_A(x)+M_B(x)=\frac{P}{2}x \tag{4－14}$$

由式(4－10)、式(4－12)、式(4－13)可得

$$\frac{M_A(x)}{E_AI_A}=\frac{M_B(x)}{E_BI_B} \tag{4－15}$$

由式(4－14)、式(4－15)进一步可解得

$$M_A(x)=\frac{E_AI_A}{E_AI_A+E_BI_B}\frac{P}{2}x \tag{4－16}$$

$$M_B(x)=\frac{E_BI_B}{E_AI_A+E_BI_B}\frac{P}{2}x \tag{4－17}$$

上、下梁的应力分别为

$$\sigma_A(x,y_A)=\frac{M_A(x)y_A}{I_A}=\frac{Pxy_AE_A}{2(E_AI_A+E_BI_B)} \tag{4－18}$$

$$\sigma_B(x,y_B)=\frac{M_B(x)y_B}{I_B}=\frac{Pxy_BE_B}{2(E_AI_A+E_BI_B)} \tag{4－19}$$

若两梁材料及截面尺寸都相同，则 $E_A=E_B=E$，$I_A=I_B=I$，于是

$$M_A(x)=M_B(x)=\frac{P}{4}x \tag{4－20}$$

$$\sigma_A(x,y_A)=M_B(x,y_B)=\frac{Pxy}{4I} \tag{4－21}$$

注意，y 轴是以截面中性轴处为原点，向下为正。

2）理论应力值的计算（表 4－5）。

表 4－5　理论应力值 σ_i

i	1	2	3	4	5	6	7	8
y_i(m)	－0.01	－0.005	0	0.005	－0.005	0	0.005	0.01
σ_i (MPa)	－11.748	－5.874	0	5.874	－5.874	0	5.874	11.748

（4）误差分析（表 4－6）

$$r_i=\frac{\sigma_i^*-\sigma_i}{\sigma_i}\times 100\%$$

表 4-6 误差 r_i

i	1	2	3	4	5	6	7	8
r_i	-1.5%	3.7%	0.294	3.7%	5.1%	0	4.7%	6%

注:第 3 和 6 项为绝对误差。

4. 实验步骤

参照弯曲实验,自己设计实验步骤。

5. 实验记录

自己设计实验记录表格。

第5章　流体力学基础实验

流体力学实验成绩分为 A、B、C、D 四个基本档,分别对应优、良、中、差(不及格);中间可给出 $A-$、$B-$、$C-$。对应的条件如下:

(1)评分项目

- 了解实验基本原理和操作方法,独立完成实验内容;
- 实验数据完整、有效,各种参数记录清楚,计算准确;
- 用坐标纸绘制实验曲线,绘图规范,标注完整,趋势正确;
- 有实验分析与讨论的内容,叙述清楚,观点正确;
- 能提出新问题,肯钻研。

(2)评分标准

- 符合以上1~5条,评为:A 或 $A-$
- 符合以上1~4条,评为:B 或 $B-$
- 符合以上1~3条,评为:C 或 $C-$
- 不符合以上5条中的3条或3条以上,评为:D

5.1　流体静力学实验

1. 实验目的要求

(1)掌握用测压管测量流体静压强的技能。

(2)验证不可压缩流体静力学基本方程。

(3)通过对诸多流体静力学现象的实验分析研讨;进一步提高解决静力学实际问题的能力。

2. 实验装置

本实验的装置如图5-1所示。

(1)所有测管液面标高均以标尺(测压管2)零读数为基准。

(2)仪器铭牌所注 ∇_B、∇_C、∇_D 系测点 B、C、D 标高;若同时取标尺零点作为静力学基本方程的基准,则 ∇_B、∇_C、∇_D 亦为 Z_B、Z_C、Z_D。

(3)本仪器中所有阀门旋柄顺管轴线为开。

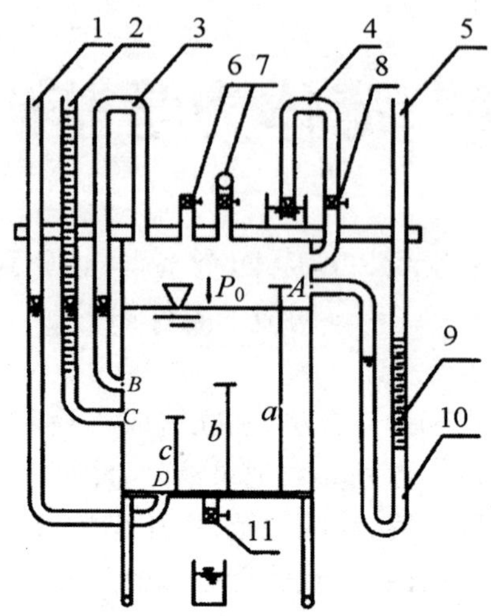

1—测压管；2—带标尺测压管；3—连通管；4—真空测压管；5—U 型测压管；6—通气阀；7—加压打气球；8—截止阀；9—油柱；10—水柱；11—减压放水阀

图 5－1　流体静力学实验装置图

3. 实验原理

在重力作用下不可压缩流体静力学基本方程

$$z + \frac{p}{\gamma} = \text{const} \qquad \text{或} \qquad p = p_0 + \gamma h \tag{5-1}$$

式中，z 为被测点在基准面的相对位置高度；p 为被测点的静水压强。用相对压强表示，以下同；p_0 为水箱中液面的表面压强；γ 为液体容重；h 为被测点的液体深度。

另对装有水、油（图 5－2）U 型测管，应用等压面可得油的比重 S_0 有下列关系：

$$S_0 = \frac{\gamma_0}{\gamma_\omega} = \frac{h_1}{h_1 + h_2} \tag{5-2}$$

据此可用仪器（不用另外尺）直接测得 S_0 。

公式(5－2)推导如下。当 U 型管中水面与油水界面齐平，取其顶面为等压面，有

$$P_{01} = \gamma_\omega h_1 = \gamma_0 H \tag{5-3}$$

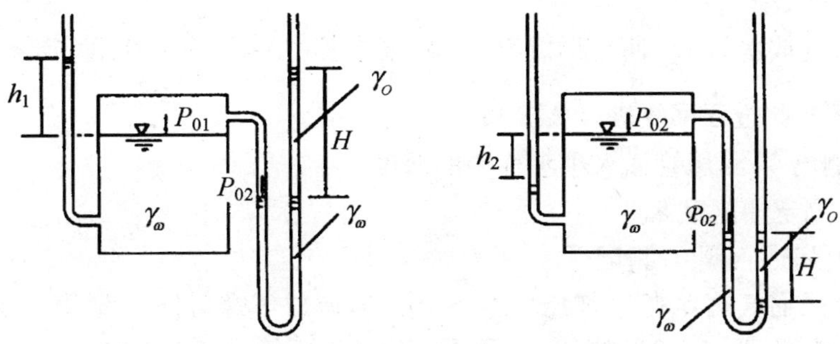

图 5 - 2　装有水油的 U 形测管

另当 U 型管中水面和油面齐平，取其油水界面为等压面，则有

$$P_{02} + \gamma_\omega H = \gamma_0 H$$

所以

$$P_{02} = -\gamma_\omega h_2 = \gamma_0 H - \gamma_\omega H \tag{5-4}$$

由式(5 - 3)、式(5 - 4)两式联解可得：

$$H = h_1 + h_2$$

代入式(5 - 3)得：

$$\frac{\gamma_0}{\gamma_\omega} = \frac{h_1}{h_1 + h_2} \tag{5-5}$$

4. 实验方法与步骤

(1)搞清仪器组成及其用法。包括：

- 各阀门的开关；
- 加压方法：关闭所有阀门(包括截止阀)，然后用打气球充气；
- 减压方法：开启筒底阀 11 放水；
- 检查仪器是否密封：加压后检查测管 1、2、5 液面高程是否恒定。若下降，表明漏气，应查明原因并加以处理。

(2)记录仪器圆桶桶身上铭牌的仪器号及各常数(∇_B、∇_C、∇_D)。

(3)量测点静压强(各点压强用厘米水柱高表示)：

1)打开通气阀 6(此时 $P_0 = 0$)，记录水箱液面标高 ∇_0和测管 2 液面标高 ∇_H(此时 $\nabla_0 = \nabla_H$)；

2)关闭通气阀 6 及截止阀 8，加压使之形成 $P_0 > 0$，测记 ∇_0及 ∇_H(此过程反复进行 2 次)；

3)打开放水阀11,使之形成$P_0<0$(要求其中一次$\frac{P_B}{\gamma}<0$,即$\nabla_H<\nabla_B$),测记∇_0及∇_H(此过程反复进行2次);

4)测出4#测压管插入小水杯中的深度。

(4)测定油比重S_0:

1)开启通气阀6,测记∇_0;

2)关闭通气阀6,打气加压($P_0>0$),微调放气螺母使U形管中水面与油水交界面齐平(图5-2),测记∇_0及∇_H(此过程反复进行2次);

3)打开通气阀,待液面稳定后,关闭所有阀门;然后开启放水阀11降压($P_0<0$),使U形管中的水面与油面齐平(图5-2),测记∇_0及∇_H(此过程亦反复进行2次)。

5. 实验成果及要求

(1)记录有关常数

实验装置台号:静水力学实验仪__________

仪器铭牌读数为:(基准面选在2#管标尺零点上)

∇_B = __________ cm ,∇_C = __________ cm ,

∇_D = __________ cm ,$\gamma_{\bar{\omega}}=9.8\times10^{-3}\ \text{N/cm}^3$。

(2)流体静压强测量记录及计算表格:实测值如表5-1,计算值如表5-2。分别求出各次测量时A、B、C、D点的压强,并选择一基准验证同一静止液体的任意二点C、D的$(Z+\frac{p}{\gamma})$是否为常数。

表5-1 实测值 单位:cm

序号	实验条件	实验次数	水箱液面 ∇_0	测压管液面 ∇_H
1	$P_0=0$	1		
2	$P_0>0$	1		
3		2		
4	$P_0<0$ (其中一次$P_B<0$)	1		
5		2		

表 5－2　计算值　　单位:cm

序号	压强水头				测压管水头	
	$\frac{P_A}{\gamma}=\nabla_H-\nabla_0$	$\frac{P_B}{\gamma}=\nabla_H-\nabla_B$	$\frac{P_C}{\gamma}=\nabla_H-\nabla_C$	$\frac{P_D}{\gamma}=\nabla_H-\nabla_D$	$Z_C+\frac{P_D}{\gamma}$	$Z_D+\frac{P_D}{\gamma}$
1						
2						
3						
4						
5						

(3)油容重测量记录及计算表格:实测值如表 5－3,计算值如表 5－4。

表 5－3　实测值　　单位:cm

序号	实验条件	次序	水箱液面标尺读数 ∇_0	测压管 2 液面标尺读数 ∇_H
1	$P_0>0$ 且 U 型管中水面与油交界面齐平	1		
2		2		
3	$P_0<0$ 且 U 型管中水面与油面齐平	1		
4		2		

表 5－4　计算值　　单位:cm

序号	$h_1=\nabla_H-\nabla_0$	$\bar{h}_1$	$h_2=\nabla_0-\nabla_H$	$\bar{h}_2$	$S_0=\frac{\gamma_0}{\gamma_{\bar{\omega}}}=\frac{\bar{h}_1}{\bar{h}_1+\bar{h}_2}$
1					计算油的比重 S_0 求出油的容重 γ_0
2					
3					
4					
5					
6					

6. 实验分析与讨论

(1)同一静止液体内的测压管水头线是根什么线?

(2)当 $P_B<0$ 时,试根据记录数据确定水箱的真空区域。

(3)若再备一根直尺,试采用另外最简便的方法测定 γ_0 。

(4)如测压管太细,对测压管液面的读数将有何影响?

(5)过 C 点作一水平面,相对管1、2、5及水箱中液体而言,这个水平是不是等压面?哪一部分液体是同一等压面?

(6)用图5-1装置能演示变液位下的恒定流实验吗?

(7)该仪器在加气增压后,水箱液面将下降 δ 而测压管液面将升高 H,实验时,若以 $P_0=0$ 时的水箱液面作为测量基准,试分析加气增压后,实际压强 $(H+\delta)$ 与视在压强 H 的相对误差值。本仪器测压管内径为0.8cm,箱体内径为20cm。

5.2 伯诺里方程实验

1. 实验目的要求

(1)掌握流速、流量、压强等动水力学水力要素的实验测量技术。

(2)验证流体恒定总流的能量方程。

(3)通过对动水力学诸多水力现象的实验分析研讨,进一步掌握有压管流中动水力学的能量转换特性。

2. 实验装置

本实验的装置如图5-3所示。本仪器测压管有两种:

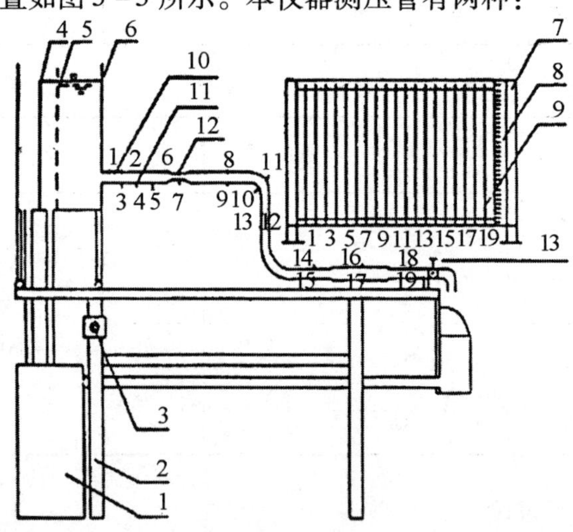

1—自循环供水器;2—实验台;3—无级调速器;4—溢流板;5—稳水孔板;6—恒压水箱;7—测压计;8—滑动测量尺;9—测压管;10—实验管道;11—测压点;12—毕托管;13—实验流量调节阀

图5-3 自循环伯诺里方程实验装置图

(1)托管测压管(表 5－5 中标＊的测压管),用以测读毕托管探头对准点的总水头 $H'\left(=Z+\frac{P}{\gamma}+\frac{u^2}{2g}\right)$,须注意一般情况下 H' 与断面总水头 $H\left(=Z+\frac{P}{\gamma}+\frac{v^2}{2g}\right)$ 不同(因一般 $u \neq v$),它的水头线只能定性表示总水头变化趋势。

(2)普通测压管(表 5－5 中未标＊的测压管),用以定量量测测压管水头。

3. 实验原理

在实验管路中沿管内水流方向取 n 个过水断面。可以列出进口断面(1) 至断面(i) 的能量方程式($i=2,3,\cdots,n$)

$$Z_1+\frac{P_1}{\gamma}+\frac{a_1 v_1^2}{2g}=Z_1+\frac{P_i}{\gamma}+\frac{a_i v_i^2}{2g}+h_{W_{1-i}}$$

取 $a_1=a_2=\cdots=a_n=1$, 选好基准面,从已设置的各断面的测压管中读出 $Z+\frac{P}{\gamma}$ 值,测出通过管路的流量,即可计算出断面平均流速 v 及 $\frac{av^2}{2g}$,从而即可得到各断面测管水头和总水头。

4. 实验方法与步骤

(1)熟悉实验设备,分清哪些测管是普通测压管,哪些是毕托管测压管以及两者功能的区别。

(2)打开开关供水,使水箱充水,待水箱溢流后,检查调节阀关闭后所有测压管水面是否齐平,若不平则需查明故障原因(例连通管受阻、漏气或有气泡等)并加以排除,直至调平。

(3)打开阀 13,观察测压管水头线和总水头线的变化趋势及位置水头、压强水头之间的相互关系,观察当流量增加或减少时测管水头的变化情况。

(4)调节阀 13 开度,待流量稳定后,测记各测压管液面读数,同时测记实验流量(与毕托管相连通的测点 1*、6*、8*、12*、14*、16*、18* 为演示用,不必测记读数)。

(5)再调节阀 13 开度 1～2 次,其中一次使阀门开度最大(以液面降到右侧最低点红线为限),按第(4)步重复测量。

5. 实验成果及要求

(1)记录水箱铭牌上有关常数(表 5－5):

均匀段直径 $D_1=$

缩管段直径 $D_2=$

扩管段直径 $D_3=$

表 5－5

测点编号	1*	2 3	4	5	6* 7	8* 9	10 11	12* 13	14* 15	16* 17	18* 19
管径(cm)	D_1	D_1	D_1	D_1	D_2	D_1	D_1	D_1	D_1	D_3	D_1
间距(cm)	4	4	6	6	4	13.5	6	10	29	16	16

注:2、3 为直管均匀流段同一断面上的两个测压点;10,11 为弯管非均匀流段同一断面上的两个测点。

(2)测量$\left(Z+\dfrac{P}{\gamma}\right)$并记入表 5－6。

表 5－6

测点编号		2	3	4	5	7	9	10	11	13	15	17	19 (参考值)	流量 Q (cm^3/s)
实验次数	1												(≈40)	
		小流量												
	2												(≈20)	
		中流量												
	3												(>3)	
		大流量												

(3)计算流速水头(表 5－7)和总水头(表 5－8)。

表 5－7　流速水头

管径 d (cm)	Q(cm^3/s)			Q(cm^3/s)			Q(cm^3/s)		
	a (cm^2)	v (cm/s)	$v^2/2g$ (cm)	a (cm^2)	v (cm/s)	$v^2/2g$ (cm)	a (cm^2)	v (cm/s)	$v^2/2g$ (cm)

表5-8 总水头 $\left(Z+\frac{P}{\gamma}+\frac{av^2}{2g}\right)$

测点编号		2	3	4	5	7	9	10	13	15	17	19	Q (cm^3/s)
实验次数	1												
	2												
	3												

(4)绘制上述成果中最大流量下的总水头线和测压管水头线(用坐标纸按实际的间距绘制)。

6. 成果分析及讨论

(1)测压管水头线和总水头线的变化趋势有何不同？为什么？

(2)流量增加,测压管水头线有何变化？为什么？

(3)测点2、3和测点10、11的测压管读数分别说明了什么问题？

(4)试问避免喉管(测点7)处形成真空有哪几种技术措施？分析改变作用水头(如抬高或降低水箱的水位)对喉管压强的影响情况。

(5)由毕托管测量显示的总水头线与实测绘制的总水头线一般都有差异,试分析其原因。

5.3 文丘里流量计实验

1. 实验目的要求

(1)通过测定流量系数,掌握文丘里流量计测量管道流量的技能。

(2)通过实验与量纲分析,了解应用量纲分析与实验结合研究水力学问题的途径,进而掌握文丘里流量计的水力特性。

2. 实验装置

本实验的装置如图5-4所示。在文丘里流量计7的两个测量断面上,分别是4个测压孔与相应的均压环连通,经均压环均压后的断面压强由气-水多管压差计9测量或用电测仪量测。

3. 实验原理

根据能量方程式和连续性方程式,可得不计阻力作用时的文氏管过水能力

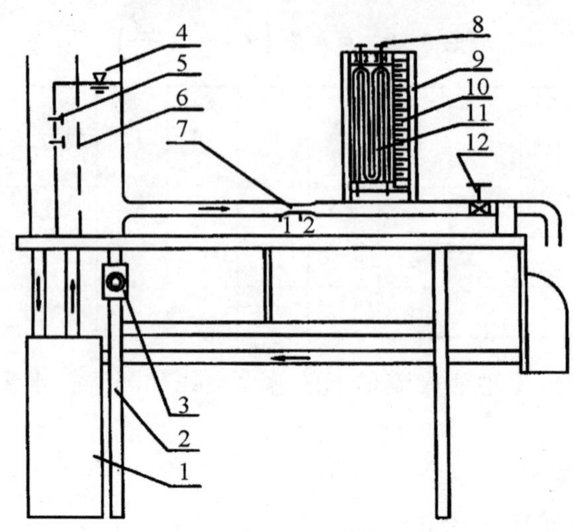

1—自循环供水器；2—实验台；3—可控硅无级调速器；4—恒压水箱；5—溢流板；
6—稳水孔板；7—文丘里实验管段；8—测压计气阀；9—测压计；10—滑尺；
11—多管压差计；12—实验流量调节阀

图 5－4 文丘里流量计实验装置图

关系式：

$$Q' = \frac{\frac{\pi}{4}d_1^2}{\sqrt{\left(\frac{d_1}{d_2}\right)^4 - 1}}\sqrt{2g\left[\left(Z_1 + \frac{P_1}{\gamma}\right) - \left(Z + \frac{P_2}{\gamma}\right)\right]} = K\sqrt{\Delta h}$$

$$K = \frac{\pi}{4}d_1^2\sqrt{2g}/\sqrt{(d_1/d_2)^4 - 1}$$

$$\Delta h = \left(Z_1 + \frac{P_1}{\gamma}\right) - \left(Z_2 + \frac{P_2}{\gamma}\right)$$

式中，Δh 为两断面测压管水头差。

由于阻力的存在，实际通过的流量 Q 恒小于 Q'。今引入一无量纲系数 $\mu = Q/Q'$（μ 称为流量系数），对计算所得的流量值进行修正。即

$$Q = \mu Q' = \mu K\sqrt{\Delta h}$$

另由水静力学基本方程可得气－水多管压差计的 Δh 为

$$\Delta h = h_1 - h_2 + h_3 - h_4$$

4. 实验方法与步骤

(1)测记各有关常数

(2)打开电源开关,全关阀 12,检核测管液面读数 $h_1 - h_2 + h_3 - h_4$ 是否为 0,不为 0 时,需查出原因并予以排除。

(3)全开调节阀 12 检查各测管液面是否都处在滑尺读数范围内?否则,按下列步骤调节;拧开气阀 8,将清水注入测管 2、3,待 $h_2 = h_3 \approx 24$cm,打开电源开关充水,待连通管无气泡,渐关阀 12,并调开关 3,至 $h_1 = h_4 \approx 28.5$cm,即速拧紧气阀 8。

(4) 全开调节阀门,待水流稳定后,读取各测压管的液面读数 h_1、h_2、h_3、h_4,并用秒表、量筒测定流量。

(5)逐次关小调节阀,改变流量 7 ~ 9 次,重复步骤 4,注意调节阀门应缓慢。

(6)把测量值记录在实验表格内,并进行有关计算。

(7)如测管内液面波动,应取时均值。

(8)实验结束,需按步骤 2 校核压差计是否回零。

(9)若使用电测仪量测可从电测仪上直接压差值 Δh 。

5. 实验成果及要求

(1)记录计算有关常数:

水箱铭牌上: d_1 = ________ cm, d_2 = ________ cm;

温度计上: 水温 t = ________ ℃;

根据水温查出:运动黏度 ν = ________ cm^2/s;

计算出 K 值:K = ________________ $cm^{2.5}/s$

(2)整理记录表(表 5 - 9)和计算表(表 5 - 10)。

表 5 - 9　记录表

次序	测压管读数(cm)				电测仪	水量	时间
	h_1	h_2	h_3	h_4	Δh	(cm^3)	(s)
1							
2							
3							
4							
5							
6							
7							
8							

表 5-10 计算表

次序	Q (cm^3/s)	$\Delta h = h_1 - h_2 + h_3 - h_4$ (cm)	R_{e1}	$Q' = (K\sqrt{\Delta h})$ (cm^3/s)	$\mu = \frac{Q}{Q'}$
1					
2					
3					
4					
5					
6					
7					
8					

(3)用方格纸绘制 $Q - \Delta h$ 与 $R_e - \mu$ 曲线图。分别取 Δh 、μ 为纵坐标。

6. 实验分析与讨论

(1)本实验中,影响文丘里管流量系数大小的因素有哪些?哪个因素最敏感?对本实验的管道而言,若因加工精度影响,误将($d_2 - 0.01$)cm 值取代上述 d_2 值时,本实验在最大流量下的 μ 值将变为多少?

(2)为什么 Q' 与 Q 不相等?

(3)试应用量纲分析法,阐明文丘里流量计的水力特性。

(4)文丘管喉颈处容易产生真空,允许最大真空度为 6~7mH_2O,工程中应用文氏管时,应检验其最大真空度是否在允许范围内。据你的实验成果,分析本实验流量计喉颈最大真空值为多少?

5.4 沿程阻力实验

1. 实验目的要求

(1)加深了解圆管层流和紊流的沿程损失随平均流速变化的规律。

(2)掌握管道沿程阻力系数的量测技术和应用电测仪测量压差的方法。

(3)将测得的 $R_e \sim \lambda$ 关系值与莫迪图对比,分析其合理性,进一步提高实验成果分析能力。

2. 实验装置

本实验的装置如图5-5所示。

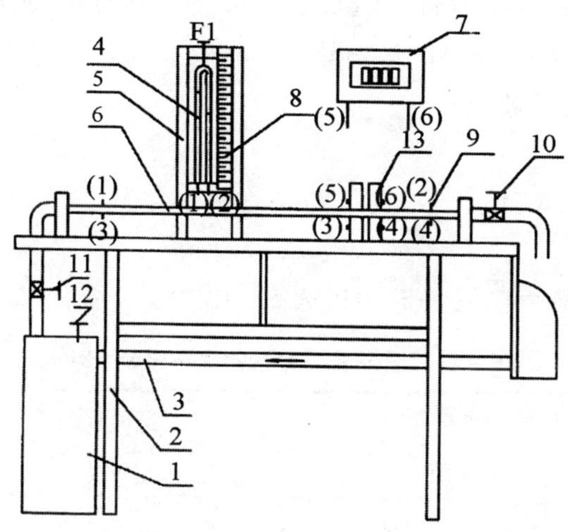

1—自循环供水器；2—实验台；3—回水管；4—水压差计；5—测压计；6—实验管道；7—电子测量仪；8—滑动测量尺；9—测压点；10—流量调节阀；11—供水阀；12—旁通阀；13—水封器

图5-5　沿程阻力实验装置图

3. 实验原理

由达西公式

$$h_f = \lambda \frac{L}{d}\frac{v^2}{2g}$$

得

$$\lambda = \frac{2gdh_f}{L}\frac{1}{v^2} = \frac{2gdh_f}{L}\left(\frac{\pi}{4}d^2/Q\right)^2 = K\frac{h_f}{Q^2}$$

$$K = \pi^2 gd^5/8L$$

另由能量方程对水平等直径圆管可得

$$h_f = (P_1 - P_2)/\gamma$$

压差可用压差计或电测仪测得。

4. 实验方法与步骤

(1)记录有关实验常数:工作管内径 d 和实验管长 L(标志于畜水箱)。

(2) 接通电源,启动水泵。使系统循环运转,排气后关闭出水口,并将电测仪调零。

(3)实验装置通水排气后,即可进行实验测量。逐次开大出水阀 10,每次调节流量时,均需稳定 2~3 分钟,流量愈小,稳定时间愈长;测流时间不小于 4~10 秒;测流量的同时,需测电测仪、温度计等读数。

5. 实验成果及要求

(1)有关常数:

实验装置台号 No ________; 圆管直径 $d=$ ________ cm, 量测段长度 $L=85\text{cm}$

(2)记录及计算表格见表 5-11,表 5-12。

表 5-11 记录表 常数 $K=\pi^2 gd^5/8L=$

测次	沿程损失 h_f (cm)		体积(cm³)	时间(s)	水温(℃)	沿程损失系数 λ
	参考值范围	测量值				
1	~4					
2	~18					
3	~50					
4	~100					
5	~200					
6	~300					
7	~400					
8	~500					

表 5-12 计算表

测次	流量 Q(cm^3/s)	流速 V(cm/s)	黏度 v (cm^2/s)	雷诺数 R_e
1				
2				
3				
4				
5				
6				
7				
8				

(3)绘图分析。绘制 $\lg v - \lg h_f$ 曲线,并确定指数关系值 m 的大小。在坐标纸上以 $\lg v$ 为横坐标,以 $\lg h_f$ 为纵坐标,点绘所测的 $\lg v - \lg h_f$ 关系曲线,根据具体情况连成一段或几段直线,求厘米纸上直线的斜率 $m = \dfrac{\lg h_{f2} - \lg h_{f1}}{\lg v_2 - \lg v_1}$。将从图上求得的 m 值与已知各流区的 m 值(即层流 $m = 1$,光滑管流区 $m = 1.75$,粗糙管紊流区 $m = 2.0$,紊流过渡区 $1.75 < m < 2.0$)进行比较,确定流区。

※实验曲线绘法建议

1)图纸:绘图纸可用普通厘米纸或对数纸,面积不小于 12cm × 12cm。

2)坐标确定:若采用厘米纸,取 $\lg h_f$ 为纵坐标(绘制实验曲线一般以变量为纵坐标),$\lg v$ 为横坐标;采用对数纸,纵坐标写 h_f,横坐标写 v,即不写成对数;

3)标注:在坐标轴上,分别标明变量名称、符号、单位以及分度值;

4)绘点:据实验数据绘出实验点;

5)绘曲线:据实验点分布绘制曲线,应使位于曲线两侧的实验点数大致相等,且各点相对曲线的垂直距离总和也大致相等。

6. 实验分析与讨论

(1)为什么压差计的水柱差就是沿程水头损失?如实验管道安装成倾斜,是否影响实验成果?

(2)据实测 m 值判别本实验的流动形态和流区。

(3)实际工程中钢管中的流动,大多为光滑紊流过渡区,而水电站泄洪洞的流动,大多为紊流阻力平方区,其原因何在?

(4)管道的当量粗糙度如何测得?

(5)本次实验结果与莫迪图吻合与否?试分析其原因。

5.5　局部阻力实验

1. 实验目的要求

(1)掌握三点法、四点法量测局部阻力系数的技能。

(2)通过对圆管突扩局部阻力系数的包达公式和突缩局部阻力系数的经验公式的实验验证与分析,熟悉用理论分析法和经验法建立函数式的途径。

(3)加深对局部阻力损失机理的理解。

2. 实验装置

本实验的装置如图5-6所示。实验管道由小→大→小三种已知管径的管道组成，共设有六个测压孔，测孔1-3和3-6分别用以测量突扩和突缩的局部阻力系数。其中测孔1位于突扩界面处，用以测量小管出口端压强值。

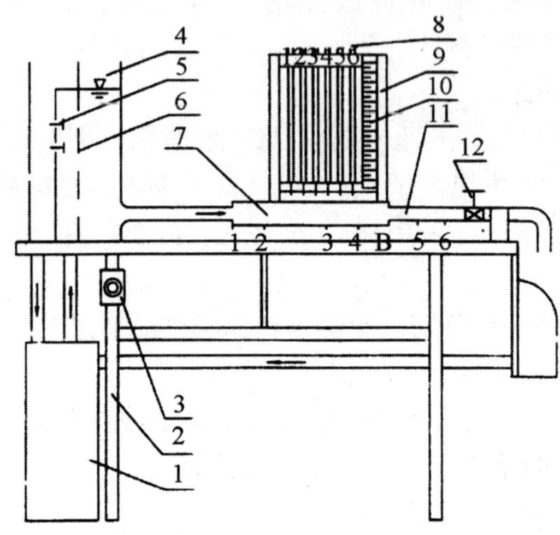

1—自循环供水器；2—实验台；3—无级调速器；4—恒压水箱；5—溢水孔板；6—稳水孔板；7—突然扩大实验段；8—测压计；9—测量尺；10—测压管；11—突然收缩实验段；12—实验流量调节阀

图5-6 局部阻力实验装置图

3. 实验原理

写局部阻力前后两断面的能量方程，根据推导条件，扣除沿程水头损失可得。

(1)突然扩大。采用三点法计算，下式中 h_{f1-2} 由 h_{f2-3} 按流长比例换算得出

实测： $$h_{je} = \left[\left(Z_1 + \frac{p_1}{\gamma}\right) + \frac{\alpha v_{12}^2}{2g}\right] - \left[\left(Z_2 + \frac{p_2}{\gamma}\right) + \frac{\alpha v_2^2}{2g} + h_{f1-2}\right]$$

$$\zeta_e = h_{je} / \frac{\alpha v_1^2}{2g}$$

理论：

$$\zeta'_e = \left(1 - \frac{A_1}{A_2}\right)^2$$

$$h'_{je} = \zeta'_e \frac{\alpha v_1^2}{2g}$$

(2)突然缩小。采用四点法计算。下式中 B 点为突缩点，h_{f4-B} 由 h_{f3-4} 换算得出，h_{fB-5} 由 h_{f5-6} 例换算得出。

实测：$$h_{js} = \left[\left(Z_4 + \frac{p_4}{\gamma}\right) + \frac{\alpha v_4^2}{2g} h_{f4-B}\right] - \left[\left(Z_5 + \frac{p_5}{\gamma}\right) + \frac{\alpha v_5^2}{2g} + h_{fB-5}\right]$$

$$\zeta_s = h_{js} / \frac{\alpha v_5^2}{2g}$$

经验：$$\zeta'_s = 0.5\left(1 - \frac{A_5}{A_4}\right)$$

$$h'_{js} = \zeta'_s \frac{\alpha v_5^2}{2g}$$

4. 实验方法与步骤

(1)测记实验有关常数(在水箱壁上)。

(2)打开电子调速器开关，使恒压水箱充水，排除实验管道中的滞留气体。待水箱溢流后，检查泄水阀全关时，各测压管液面是否齐平，若不平，则需排气调平。

(3)逐渐打开泄水阀至较大开度(但测压管中最低的水柱应至少有 1cm 的液位高度，不得使任一水柱全空)，待流量稳下后，测记测压管读数，同时用体积法测记流量。

(4)逐渐关小泄水阀开度 5~6 次，分别测记测压管读数及流量。

(5)实验完成后关闭泄水阀，检查测压管液面是否齐平。否则，需重做。

5. 实验成果及要求

(1)有关常数(在水箱壁上)。

$d_1 = D_1 =$ ______ cm； $d_2 = d_3 = d_4 = D_2 =$ ______ cm；

$d_5 = d_6 = D_3 =$ ______ cm； $L_{1-2} = 12\text{cm}$； $L_{2-3} = 24\text{cm}$；

$L_{3-4} = 12\text{cm}$； $L_{4-B} = 6\text{cm}$； $L_{B-5} = 6\text{cm}$； $L_{5-6} = 6\text{cm}$；

$\zeta'_e = \left(1 - \frac{A_1}{A_2}\right)^2 =$ ____________； $\zeta'_s = 0.5\left(1 - \frac{A_5}{A_3}\right) =$ ____________

(2)整理记录表、计算表(表 5 - 13，表 5 - 14)。

(3)将实测 ζ 值与理论值(突扩)或公认值(突缩)比较。

表 5－13 记录表

次数	流量(cm^3/s)			测压管读数(cm)					
	体积	时间	流量	1	2	3	4	5	6
1									
2									
3									
4									
5									
6									

表 5－14 计算表格

次数	阻力形式	流量(cm^3/s)	前断面(cm)		后断面(cm)		h_j(cm)	ζ	h_j(cm)
			$\frac{av^2}{2g}$	E	$\frac{av^2}{2g}$	E			
1	突然扩大								
2									
3									
4									
5									
6									
1	突然缩小								
2									
3									
4									
5									
6									

6. 实验分析与讨论

(1)结合实验成果,分析比较突扩与突缩在相应条件下的局部损失大小关系。

(2)结合流动仪演示的水力现象,分析局部阻力损失机理何在？产生突扩与突缩局部阻力损失的主要部位在哪里？怎样减小局部阻力损失？

(3)现备有一段长度及连接方式与调节阀相同,内径与实验管道相同的直管段,如何用两点法测量阀门的局部阻力系数?

(4)实验测得突缩管在不同管径比时的局部阻力系数 $R_e > 10^5$ 如表5-15,试用最小二乘法建立局部阻力系数的经验公式。

表5-15

序号	1	2	3	4	5
d_2/d_1	0.2	0.4	0.6	0.8	1.0
ζ	0.48	0.42	0.32	0.18	0

(5)试说明用理论分析法和经验法建立相关物理量间函数关系式的途径。

参 考 文 献

[1] 陈建华主编. 实验应力分析. 北京:中国铁道出版社,1984.

[2] 计欣华,邓宗白,鲁阳等编著. 工程实验力学. 北京:机械工业出版社,2005.

[3] 陈巨兵,林卓英,余征跃编著. 工程力学实验教程. 上海:上海交通大学出版社,2007.

[4] 曹以柏主编. 材料力学测试原理及实验. 第2版. 北京:航空工业出版社,1999.

[5] 陶宝祺,王妮. 电阻应变式传感器. 北京:国防工业出版社,1992.

[6] 张如一,陆耀桢等. 实验应力分析. 北京:机械工业出版社,1981.

[7] 沈观林等. 电阻应变计及其应用. 北京:清华大学出版社,1983.

[8] 赵清澄,石沅主编. 实验应力分析. 北京:科学出版社,1987.

[9] Hopkinson B. A method of measuring the pressure produced in the detonation of high explosives or by the impact of bullets. Phil. Trans. R. Soc. London, 1914, A213:437 ~ 456.

[10] Kolsky H. An investigation of the mechanical properties of materials at very high rates of loading. Proc. Phys. Soc. 1949,62:676 ~ 700.

[11] Harding J, Wood ED, Campbell JD. Tensile testing of material at impact rates of strain. J. Mech. Eng. Sci. 1960, 2:88 ~ 96.

[12] Baker WW, Yew CH. Strain rate effects in the propagation of torsional plastic waves. J. Appl. Mech. 1996, 33:917 ~ 23.

[13] Lewis JL, Goldsmith W. A biaxial split Hopkinson bar for simultaneous torsion and compression. Rev. Sci. INstrum. 1973, 44:811 ~ 813.

[14] 胡时胜,刘剑飞. 硬质聚氨酯泡沫塑料本构关系的研究. 力学学报,1998,30(2):151 ~ 155.

[15] 巫绪涛,胡时胜,陈德兴,余泽清. 钢纤维高强混凝土冲击压缩的实验研究. 爆炸与冲击,2005,25(2):125 ~ 131.

[14] 巫绪涛,胡时胜,孟益平. 混凝土动态力学量的应变计直接测量法. 实验力学,2004,19(3):320 ~ 323.

[15] 胡时胜,唐志平,王礼立. 应变片技术在动态力学测量中的应用. 实验力学,1987,2(2):73 ~ 82.

[16] Grote DL,Park SW, Zhou M. Dynamic behavior of concrete at high strain rates and pressures: I experimental characterization. International Journal of Impact Engineering, 2001, 25:869 ~ 886.

[17] Lok TS, Zhao PJ, Lu G. Using the Hopkinson pressure bar to investigate the dynamic behaviour of SFRC. Magazine of Concrete Research, 2003, 55(2):183 ~ 191.

[18] 周风华,王礼立,胡时胜. 高聚物 SHPB 实验中试件早期应力不均匀性的影响. 实验力

学,1992, 7:23 ~29.

[19] 胡时胜,刘剑飞. 硬质聚氨酯泡沫塑料本构关系的研究. 力学学报,1998,30(2):151 ~ 155.

[20] 夏开文,程经毅,胡时胜. SHPB 装置应用于测量高温动态力学性能的研究. 实验力学,1998,13(3):307 ~313.

[21] Nemat NS, Isaacs JB. Hopkinson techniques for dynamic recovery experiments. Proc. Phys. Soc. London,1991, 435:371 ~391.

[22] Christensen RJ, Swanson SR, Brown WS. Split Hopkinson bar tests on rock under confining pressure. Exp. Mech. 1972, 29:508 ~513.

[23] Ellwood S, Griffiths LJ, Parry DJ. Materials testing at high constant strain rates. J. Phys. E: Sci. Instru. 1982, 15:280 ~282.

[24] Forrestal MJ, Frew DJ, Chen W. The effect of sabot mass on the striker bar for split Hopkinson pressure bar experiments. Exp. Mech. 2002, 42:129 ~131.

[25] Chen WW, Wu Q, Kang JH et al. Compressive superelastic behavior of a Ni-Ti shape memory alloy at strain rates of 0.001 – 750 s^{-1}. Int. J. Solids Struct. 2001,3 8:8989 ~ 8998 .

[26] Nasser SN, Choi JY, Guo WG et al. Very high strain-rate response of a Ni-Ti shape-memory alloy. Mechanics of Materials. 2005, 37:287 ~298.

[27] Gorham DA, Wu XJ. An empirical method for correcting dispersion in pressure bar measurements of impact stress. Measu. Sci. Technol. 1996, 7:1227 ~1232.

[28] Albertini C, Montagnani M. Large Hopkinson's bar methods for advanced impact testing of steel and concrete structure components. In Proc. Int. Symp. on Impact Engineering, ed. Maekawa, I, publ. Sendai, Japan, ISIE, 1992, 514 ~519.

[29] Field JE, Walley SM et al. Review of experimental techniques for high rate deformation and shock studies. Int. J of Impact Engng. 2004, 309:725 ~775.

[30] Malvar LJ, John EC. Dynamic increase factors for concrete. Twenty-Eighth DDESB Seminar Orlando,1998.

[31] Li QM, Meng H. About the dynamic strength enhancement of concrete-like materials in a split Hopkinson pressure bar test. Int. J Solid Struct. 2003, 40:343 ~340.

[32] Zheng D, Li QB. An explanation for rate effect of concrete strength based on fracture toughness including free water viscosity. Engineering Fracture Mechanics, 2004, 71: 2319 ~2327.

[33] 王鲁明,赵坚. 脆性材料 SHPB 实验技术的研究. 岩石力学与工程学报. 2003,22 (11):1798 ~1802.

[34] Broberg KB, On stable crack growth. Journal of Mechanics and Physics of Solids. 1975, 23: 215 ~237.

[35] Mai YW, Cotterell B, Horlyck R. Polym. Eng. Sci. 1987, 27:804 ~ 809.

[36] Testing Protocol for Essential Work of Fracture. ESIS TC-4 Group, October 1997.

[37] Wu J, Mai YW. The essential fracture work concept for toughness measurement of ductile polymers. Polymer Engineering Science. 1996, 36(18):2275 ~ 2288.

[38] Mai YW and P Powell. Essential work of fracture and J-integral measurements for ductile polymers. Journal of Polymer Science Part B: Polymer Physics. 1991, 29(7):785 ~ 793.

[39] Mai YW, Cotterell B. On the essential work of ductile fracture in polymers. International Journal of Fracture. 1986, 32:105 ~ 125.

[40] Mai YW, Cotterell B, Horlyck R. The Essential Work of Plane Stress Ductile Fracture of Linear Polyethylenes. Polymer Engineering and Science. 1987, 27(11):804 ~ 809.

[41] Mai YW, Cotterell B. Effect of specimen geometry on the essential work of plane stress ductile fracture. Engineering Fracture Mechanics. 1985, 21:123 ~ 128.

[42] S. Hashemi. Work of fracture of PBT/PC blend: effect of specimen size, Geometry, and rate of testing. Polymer Engineering and Science, 1997, 37(5):912 ~ 921.

[43] Hashemi S. Determination of the fracture toughness of polybutylene terephthalate (PBT) film by the essential work method: Effect of specimen size and geometry. Polymer Engineering and Science. 2000, 40(3):798 ~ 808.

[44] Maspoch ML, Ferrer D, Cordillo A et al. Effect of the specimen dimensions and the test speed on the fracture toughness of iPP by the essential work of fracture(EWF) method. Journal of Applied Polymer Science. 1999, 73:177 ~ 187.

[45] Emma CY, Robert KY, Mai YW. Effects of gauge length and strain rate on fracture toughness of polyethylene terephthalate glycol(PETG) film using the essential work of fracture analysis, Polymer engineering and science. 2000, 40(2):310 ~ 319.

[46] Arkhireyeva A, Hashemi S. Determination of fracture toughness of poly (ethylene terephthalate) film by essential work of fracture and J integral measurements. Plastics, Rubber and Composites. 2001, 30(7):337 ~ 350.

[47] Maspoch ML, Henault V, Ferrer-Balas D et al. Essential work of fracture on PET films: influence of the thickness and the orientation. Polymer Testing. 2000, 19:559 ~ 568.

[48] Kocsis JK, Czigany T, Moskala EJ. Thickness dependence of work of fracture parameters of an amorphous copolyester. Polymer. 1997, 38(18):4587 ~ 4593.

[49] Hashemi S. Plane-stress fracture of polycarbonate films. Journal of Materials Science. 1993, 28:6178 ~ 6184.

[50] Kocsis JK, Czigany T. On the essential and non-essential work of fracture of biaxial-oriented filled PET film. Polymer. 1996, 37(12):2433 ~ 2438.

[51] Kocsis JK. Deformation rate dependence of the essential and non-essential work of fracture parameters in an amorphous copolyester. Polymer. 1998, 39:3939 ~ 3944.

[52] Hashemi S. Deformation rate dependence of work of fracture parameters in polybutylene terephthalate (PBT). Polymer engineering and science. 2000, 40(1):132 ~ 138.

[53] Hashemi S. Fracture of polybutylene terephthalate(PBT) film. Polymer. 2002, 43:4033 ~ 4041.

[54] Hashemi S. Effect of temperature on fracture toughness of an amorphous poly(ehter-ether ketone) film using essential work of fracture analysis. Polymer Testing. 2003, 22: 589 ~ 599.

[55] Arkhireyeva A, Hashemi S. Effect of temperature on work of fracture parameters in poly (ehter-ether ketone) film. Engineering Fracture Mechanics. 2004,71:789 ~ 804.

[56] Cotterell B, Lee E, Mai YW. Mixed mode plane stress ductile fracture. International Journal of fracture. 1982, 20:243 ~ 250.

[57] Mai YW. On the plane-stress essential fracture work in plastic failure of ductile materials. International Journal of Mechanics and Science. 1993, 15:995 ~ 1005.